AI绘画与AI短视频

6项全能应用

文生图
图生图
文生视频
图生视频
视频生视频
数字人制作

尹建辉 编著

清华大学出版社
北 京

U0662626

内 容 简 介

本书聚焦 AI 绘画与 AI 短视频领域，系统讲解 6 项全能应用，涵盖文生图、图生图、文生视频、图生视频、视频生视频，以及数字人制作技术。书中对 13 个主流工具与平台进行系统介绍，涵盖文心一格、即梦、Midjourney、Stable Diffusion 等专业 AI 绘画软件，Photoshop AI、Adobe Firefly 等设计类 AI 工具，以及剪映、Runway、Pika、腾讯智影、Kreado AI、快影、可灵等短视频创作平台，通过80 余个实战案例，详细拆解操作流程，帮助读者快速掌握 AI 创作技能，实现高效学习与实践应用。

本书既适合数字艺术师、平面及视觉设计师、影视 / 动画 / 新媒体等多媒体创作者、短视频制作从业人员阅读参考，也可作为数字媒体艺术、视觉传达设计、动画设计、影视编导、新媒体传播等专业学生的学习资料。

图书在版编目 (CIP) 数据

AI 绘画与 AI 短视频 6 项全能应用：文生图＋图生图＋
文生视频＋图生视频＋视频生视频＋数字人制作 / 尹建辉编著 .
北京 : 清华大学出版社 , 2025. 8. -- ISBN 978-7-302-69865-4

Ⅰ. TP391.413

中国国家版本馆 CIP 数据核字第 2025R5U305 号

责任编辑：李 磊
封面设计：杨 曦
版式设计：思创景点
责任校对：成凤进
责任印制：宋 林

出版发行：清华大学出版社
　　　　网　　　　址：https://www.tup.com.cn，https://www.wqxuetang.com
　　　　地　　　　址：北京清华大学学研大厦A座　　　　邮　　编：100084
　　　　社　总　机：010-83470000　　　　邮　　购：010-62786544
　　　　投稿与读者服务：010-62776969，c-service@tup.tsinghua.edu.cn
　　　　质　量　反　馈：010-62772015，zhiliang@tup.tsinghua.edu.cn
印 装 者：三河市铭诚印务有限公司
经　　销：全国新华书店
开　　本：170mm×240mm　　印　张：13　　字　　数：249千字
版　　次：2025年9月第1版　　印　次：2025年9月第1次印刷
定　　价：89.00元

产品编号：107458-01

Preface 前言

随着技术的持续演进，AI 早已撕下"遥不可及的科学幻想"标签，蜕变为深入日常的实用创作工具。依托深度学习算法、神经网络架构等前沿技术，AI 系统能够模拟人类艺术创作的思维模式，在图像生成、视频制作领域产出具备审美价值与创作内涵的优质内容，为内容创作者提供全新的技术赋能。

本书系统拆解了 AI 绘画与 AI 短视频领域的六大核心技能，包括文生图、图生图、文生视频、图生视频、视频生视频，以及数字人制作，为用户构建完整的 AI 创作知识体系。

本书特色

- **综合性与全面性：**本书系统整合了文心一格、即梦、Midjourney、Stable Diffusion、Photoshop AI、Adobe Firefly、剪映、Runway、Pika、腾讯智影、Kreado AI、快影、可灵等当下主流的 AI 工具与平台资源，为用户开展图片绘制、视频创作等搭建一套完备且专业的基础架构。

- **海量案例实战：**全书细分 AI 功能内容，通过 80 多个精辟范例的设计与制作，帮助用户在掌握 AI 软件基础知识的同时，探索其在商业领域的多方面应用，从而提高用户的 AI 创作水平。

- **图片全程解析：**书中借助 500 多张图片，对 AI 工具的操作步骤展开全程图解，大量的图例辅助使复杂的操作内容清晰易懂，便于读者快速掌握。

- **配套演示视频：**本书针对部分实例操作配置了讲解演示视频，总时长超 130 分钟。读者在研习 AI 工具实操案例的过程中，可将书籍内容与视频讲解相结合，让学习更加便捷高效，达成事半功倍的学习效果。

资源获取

本书提供素材文件、案例效果、教学视频、提示词等资源，读者可扫描下方的配套资源二维码获取。读者也可直接扫描书中的二维码，观看教学视频。此外，本书附赠丰富的学习资源，包括 26 个 AI 分镜效果制作技巧、28 个 AI 电影剧本创作技巧、30 个 AI 分镜工具使用技巧、30 个 AI 智能体＋工作流实战技巧、42 个 DeepSeek+ 提示工程应用技巧、45 个 AIGC 智能体提问商业实操案例、126 组 AI 短视频提示词，以及 AI 音乐歌词歌曲生成教程，读者可扫描下方的赠送资源二维码获取。

配套资源　　　　　　赠送资源

温馨提示

- **版本更新:** 本书编写过程中，所采用的图片均基于当时各类 AI 工具与软件的界面截取。但图书从编辑到出版存在一定周期，在此期间，相关工具的功能与界面或许会发生变化。因此，读者在阅读时，建议依据书中思路灵活变通、举一反三进行学习。本书涉及工具的版本信息如下：Midjourney 为 V6 版本，Photoshop AI 为 2023 版本，剪映为 6.0.1 版本，快影为 V 6.54.0.654003 版本。

- **提示词应用:** 提示词也称为关键字、关键词、描述词、输入词、代码等。值得注意的是，即便采用相同的提示词，AI 工具在每次生成文案、图片或视频内容时，所输出的结果仍会存在差异。

- **会员功能:** Midjourney、Photoshop AI、剪映等工具，通常需要用户订阅会员方可使用全部功能。感兴趣的读者，可订阅会员服务，以充分体验 AI 绘画与 AI 视频制作的相关功能。

作者信息

本书由尹建辉编著，向航志参与了编写工作。

由于作者水平所限，加之编写时间仓促，书中可能存在疏漏与欠妥之处，欢迎读者朋友们不吝赐教、予以指正。

编　者

2025.05

Contents 目录

第 1 章
AI 绘画与 AI 短视频概述

　　AI 绘画与 AI 短视频已成为数字艺术的重要表现形式，它们借助机器学习、计算机视觉等技术，助力艺术家高效生成各类艺术作品，也为人工智能领域的发展提供了优质的应用场景。本章聚焦 AI 绘画与 AI 短视频的概念、特点等内容展开讲解，助力用户加深对人工智能技术的认知。

1.1　AI 绘画的概念与发展背景

　　AI(artificial intelligence，人工智能) 绘画作为一种数字化艺术的新形式，为艺术创作开辟了全新的可能性。那么，AI 绘画是什么？ AI 绘画的发展背景又是怎样的？本节将从这两个问题出发，详细介绍 AI 绘画。

1.1.1　AI 绘画是什么

　　AI 绘画是指人工智能绘画，是一种新型的绘画方式。人工智能通过学习人类艺术家创作的作品，并对其进行分类与识别，然后生成新的图像。用户在使用 AI 进行绘画时，只需输入简单的指令，就可以让 AI 自动生成各种类型的图像，从而创造出具有艺术美感的绘画作品，如图 1-1 所示。

视频教学

图 1-1　AI 绘画作品

　　AI 绘画主要分为两步：首先对图像进行分析与判断，然后对图像进行处理和还原。人工智能通过不断学习，如今只需输入简单易懂的文字，就可以在短时间内生成一幅效果不错的画面，还能根据用户的要求对画面进行修改和调整，如图 1-2 所示。

图 1-2 修改和调整前后的画面对比

1.1.2 AI 绘画的发展背景

早在 20 世纪 50 年代，人工智能领域的先驱便已开启对计算机生成视觉图像的研究，不过早期实验主要聚焦于简单几何图形与图案的生成。随着计算机性能的逐步提升，人工智能开始承担更复杂的图像处理及识别任务，研究者进而着手探索将机器视觉技术应用于艺术创作，如图 1-3 所示。

视频教学

图 1-3 AI 绘画处理复杂图像

生成对抗网络问世后，AI 绘画的发展速度逐渐加快。随着深度学习技术的持续演进，AI 绘画逐步迈向更高的艺术水准。由于神经网络能模拟人类大脑的运作模式，它可以学习海量的图像与艺术作品，并将其所学应用于新艺术作品的创作中。

时至今日，AI 绘画的应用范畴愈发广泛。除绘画与艺术创作领域，它还拓展至游戏开发、虚拟现实及 3D 建模等行业，如图 1-4 所示。此外，AI 绘画的商业化应用也相继涌现，如将 AI 生成的图像印制于画布进行售卖。

图 1-4　AI 绘画应用于 3D 建模

AI 绘画发展迅猛，它既能提供更高质量的设计服务，又可联结全球优秀设计师与客户，为设计行业带来创新性的变革，未来仍具有广阔的探索与发展空间。

1.2　AI 绘画的技术原理与特点

AI 绘画依托深度学习与生成对抗网络等技术驱动，能够生成多样风格与类型的艺术作品，具备快速、高效等特性。本节将为读者阐述 AI 绘画与传统绘画的差异，以及其技术原理与特点，助力大家深入理解并掌握 AI 绘画。

1.2.1　AI 绘画与传统绘画

AI 绘画借助算法，依据使用者输入的提示词生成图像。尽管其呈现的视觉效果与传统绘画作品无异，但 AI 绘画的本质是运用计算机程序和算法模拟绘画过程，而传统手工绘画则完全依赖作者的创造力与想象力。下面分别介绍 AI 绘画与传统绘画的特点，如图 1-5 所示。

视频教学

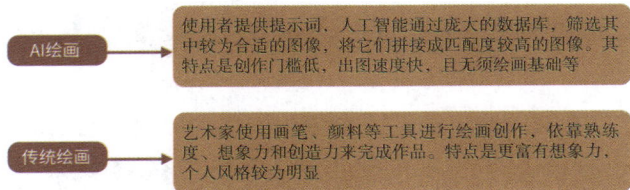

图 1-5　AI 绘画与传统绘画的特点

1.2.2　AI 绘画的技术原理

AI 绘画技术原理，依托深度学习与计算机视觉技术构建，以实现绘画生成。本书将深入剖析其原理，助力读者进一步了解 AI 绘画，清晰认知 AI 绘画如何创作，以及怎样经由持续学习与优化提升绘画质量。

视频教学

1. 数据收集模型训练

训练 AI 模型需要先收集大量艺术作品样本，涵盖绘画、照片及图片等，并进行标注与分类。随后基于收集的数据样本，运用深度学习技术训练 AI 模型，训练时需设置适合的超参数与损失函数，以优化模型性能。

模型训练完成后，即可根据输入信息生成绘画作品。其图像生成过程，是基于输入信息与模型内部预先设定的权重参数进行计算来实现的。

2. 生成对抗网络技术

生成对抗网络 (generative adversarial networks，GAN) 是一种深度学习模型，它由生成器和判别器两个主要神经网络组成。生成对抗网络的主要原理，是生成器和判别器通过博弈来协同工作，最终生成逼真的新数据。

通过训练两个模型的对抗学习，生成与真实数据相似的数据样本，从而逐渐生成越来越逼真的艺术作品。生成对抗网络技术的优点在于，它可以生成高度逼真的样本数据，并可在不需要任何真实标签数据的情况下训练模型。生成对抗网络的工作原理可以简单概括为几个步骤，如图 1-6 所示。

生成器生成样本	生成器接收一个随机噪声作为输入，并通过一系列的反卷积层来逐渐生成逼真的样本数据
判别器评估真假	判别器接收一个样本数据作为输入，并对其进行评估，判断它是真实数据还是生成器生成的虚假数据
优化生成器	如果判别器认为生成器生成的数据是虚假的，那么生成器将根据判别器的反馈来调整参数，生成更加逼真的样本
优化判别器	如果判别器认为生成器生成的数据与真实数据无异，那么将根据这个判断来进行自我优化，以提高判断的准确性

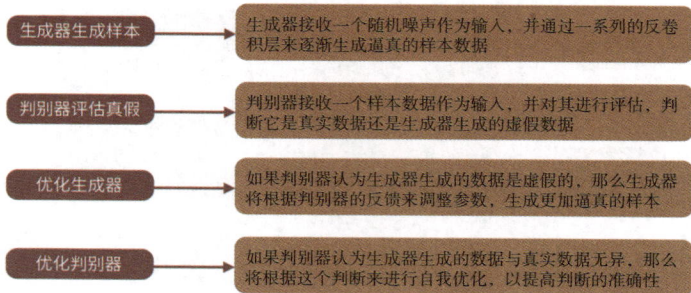

图 1-6　生成对抗网络的工作原理

3．卷积神经网络技术

卷积神经网络（convolutional neural network，CNN）是一种用于图像、视频和自然语言处理等领域的深度学习模型。它通过模仿人类视觉系统的结构和功能，实现对图像的高效处理和有效特征提取。

卷积神经网络在 AI 绘画中起到重要的作用，主要表现在以下几个方面。

（1）卷积层。卷积层通过应用一系列的滤波器（也称为卷积核），提取输入图像中包含的特征信息。每个滤波器会扫过整个输入图像，并将扫过的部分与滤波器中的权重相乘并求和，最终得到一个输出特征图。

（2）激活函数。在卷积层输出的特征图中，每个像素点的数值代表了该位置的特征强度。为了引入非线性因素，通常会在特征图上应用激活函数。

（3）池化层。池化层用于降低特征图的分辨率，并提取更加抽象的特征信息。常用的池化方式，包括最大池化和平均池化。

（4）全连接层。全连接层将池化层输出的特征图转换为一个向量，然后通过一些全连接层对这个向量进行分类。

此外，卷积神经网络技术可以通过卷积核共享和参数共享等方式，来降低模型的计算复杂度和存储复杂度，使得它在大规模数据的训练和应用中变得更加可行。

4．转移学习技术

转移学习又称为迁移学习，它是一种利用深度学习模型将不同风格的图像进行转换的技术。具体来说，它使用卷积神经网络模型来提取输入图像的特征，使用风格图像的特征来重构输入图像，使图像具有与风格图像相似的风格。下面具体讲解转移学习技术是如何实现的。

(1) 收集数据集。为了训练模型，需要收集一组输入图像和一组风格图像。

(2) 预处理数据。对数据进行预处理，如将图像缩放为相同的大小和形状，并进行归一化和标准化。

(3) 训练模型。使用卷积神经网络模型和转移学习技术训练模型，以学习如何将输入图像转换为具有风格的图像。

(4) 测试和评估。测试模型的性能，并使用评估指标来评估模型的质量，可使用不同的评估指标。

(5) 部署模型。将模型部署到应用程序中，以对新的输入图像进行转换。

转移学习在许多领域都有广泛的应用，如计算机视觉、自然语言处理和推荐系统等。

5．图像分割技术

图像分割技术，是指将一幅图像分解成若干个独立的区域，每个区域都表示图像中的一部分物体或背景。该技术可用于图像理解、计算机视觉、机器人和自动驾驶等领域。下面介绍实现图像分割技术的方法。

(1) 收集数据集。为了训练模型，需要收集一组包含标注的图像。

(2) 预处理数据。对数据进行预处理，如将图像缩放为相同的大小和形状，并进行归一化和标准化。

(3) 训练模型。使用卷积神经网络模型和图像分割技术训练模型，以学习如何将图像分为不同的区域。

(4) 测试和评估。测试模型的性能，并使用不同的评估指标来评估模型的质量。

(5) 部署模型。将模型部署到应用程序中，以对新的图像进行分割。

在 AI 绘画中，图像分割技术可用于将艺术作品中的不同部分进行精细化处理，如对一个人物的面部进行特殊处理。

在实际应用中，基于深度学习的分割方法往往表现出较好的效果，尤其是在语义分割等高级任务中。此外，对于特定领域的图像分割任务，如医学影像分割，还需要结合领域知识和专业算法来实现更好的效果。

6. 图像增强技术

图像增强技术，是指利用计算机视觉技术对一张图像进行处理，使其更加清晰、亮丽。这种技术可用于照片、视频、医学影像等领域。以下是几种常见的图像增强方法，如图 1-7 所示。

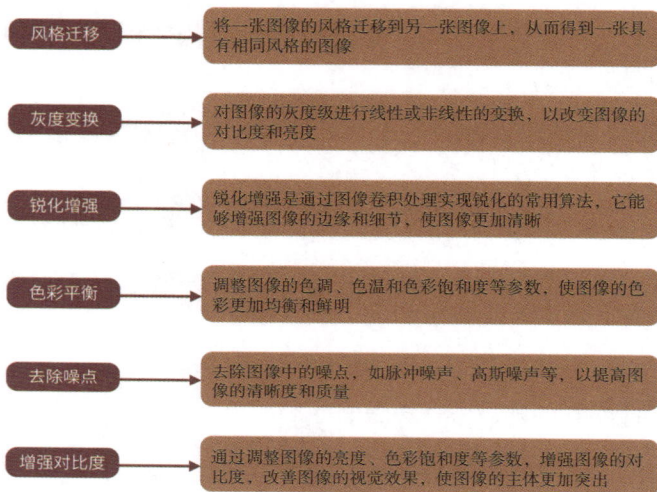

风格迁移	将一张图像的风格迁移到另一张图像上，从而得到一张具有相同风格的图像
灰度变换	对图像的灰度级进行线性或非线性的变换，以改变图像的对比度和亮度
锐化增强	锐化增强是通过图像卷积处理实现锐化的常用算法，它能够增强图像的边缘和细节，使图像更加清晰
色彩平衡	调整图像的色调、色温和色彩饱和度等参数，使图像的色彩更加均衡和鲜明
去除噪点	去除图像中的噪点，如脉冲噪声、高斯噪声等，以提高图像的清晰度和质量
增强对比度	通过调整图像的亮度、色彩饱和度等参数，增强图像的对比度，改善图像的视觉效果，使图像的主体更加突出

图 1-7　常见的图像增强方法

1.2.3　AI 绘画的技术特点

AI 绘画具备快速、高效、自动化等特性，其技术核心在于可借助人工智能技术与算法开展图像处理及创作，达成艺术风格的融合与变换，进而提升用户的绘画创作体验。AI 绘画的技术特点涵盖以下几个方面。

视频教学

1. 图像生成

AI 绘画利用生成对抗网络、变分自编码器等技术生成图像，实现从零开始创作新的艺术作品。

2. 自适应着色

　　AI 绘画利用图像分割、颜色填充等技术，让计算机自动为线稿或黑白图像添加颜色和纹理，从而实现图像的自动着色。

3. 监督学习和无监督学习

　　AI 绘画利用监督学习 (supervised learning) 和无监督学习 (unsupervised learning) 等技术，对艺术作品进行分类、识别、重构、优化等处理，从而实现对艺术作品的深度理解和控制。

　　监督学习也称为监督训练或有教师学习，它是利用一组已知类别的样本调整分类器的参数，使其达到所要求性能的过程。

　　无监督学习，是指利用类别未知（没有被标记）的训练样本，解决模式识别中的各种问题。

4. 风格转换

　　AI 绘画利用卷积神经网络等技术，可将一张图像的风格转换成另一种图像风格，从而实现多种艺术风格的融合和变换。图 1-8 为用 AI 绘画创作的白鹭图像，左图为摄影风格，右图为油画风格。

图 1-8　AI 创作的不同风格画作

5. 图像增强

AI 绘画利用超分辨率 (super-resolution)、去噪 (noise reduction technology) 等技术,可以大幅提高图像的清晰度和质量,使得艺术作品更加逼真、精细。

专家提醒

超分辨率技术,是通过硬件或软件手段提升原有图像分辨率的方法。其过程是通过一系列低分辨率的图像来重建出一幅高分辨率的图像,即超分辨率重建。

去噪技术是通信工程术语,是一种从信号中去除噪声的技术。图像去噪就是去除图像中的噪声,从而恢复真实的图像效果。

1.3　AI 短视频的概念与发展背景

在数字时代的浪潮中,短视频凭借独特魅力快速兴起,成为信息传播的关键载体。那么,怎样又快又好地创作短视频内容呢? 运用 AI 生成是较为简单的方法之一。本节将阐述 AI 短视频的概念与发展背景,助力读者初步了解 AI 短视频。

1.3.1　AI短视频是什么

AI 短视频是指利用人工智能技术来制作和生成短视频内容的过程。这种技术通过深度学习、计算机视觉等手段,对文本、图像、视频等多模态数据进行分析和处理,从而自动生成符合描述的视频效果。

视频教学

具体来说,AI 短视频可以分为几个主要方面。

(1) 自动化短视频制作。这类工具能够自动完成短视频的剪辑、音效添加和特效处理等工作,具备强大的文本理解和图像生成能力,可以根据文本描述生成相应的视频内容。

(2) 视频智能分析。AI 技术在视频智能分析中的应用包括对视频内容的自动解析、识别和理解,如人脸检测、物体识别、行为分析等。这些功能可帮助用户更高效地处理和管理视频内容。

(3) 批量剪辑系统。一些基于 AI 的短视频批量剪辑系统,可以显著提高剪辑效率。这些系统通常会先确定主题，根据主题编辑文案，然后将拍摄后的视频导入系统进行批量剪辑并添加字幕。

(4) 虚拟形象与互动场景。AI 技术还可用于生成虚拟人物或创建互动场景。例如，某平台实现了虚拟二次元网红的直播互动，展示了 AI 在视频编辑和自主生成方面的应用。

(5) 内容传播与推广。借助 AI 技术，能够将普通的图文内容迅速且批量地转换为视频形式，这极大地节省了传播成本。同时，由于视频形式在信息呈现上更为生动直观，还能有效提升内容的时效性和说服力，为内容的广泛传播与有效推广提供有力支持。

1.3.2　AI 短视频的发展背景

近年来，深度学习、计算机视觉、自然语言处理等 AI 技术进展显著，为 AI 短视频制作提供了坚实的技术支撑。各类 AI 模型的涌现，表明 AI 技术在内容创作领域快速迭代升级，为 AI 短视频创意生产与开发阶段提供智能化建议，优化了短视频文本及图像内容。

视频教学

AI 短视频的发展背景，可从技术进步、市场需求、行业趋势等多维度展开分析。

(1) 从技术进步层面而言，人工智能技术迅猛发展，为短视频创作提供有力支持，从文字创作，到媒体资源库的智能匹配，再到短视频自动生成，最后到多平台一键分发，AI 技术可覆盖短视频制作的全流程。AI 大模型驱动短视频行业变革，令非专业人员能轻松涉足视频创作领域，实现更快、更经济的创作。例如，AI 技术可以自动识别视频素材中的人物、场景、物体等要素，并根据需求进行智能分割、分类和标注，这大大提高了编辑效率，相关案例效果如图 1-9 所示。

图 1-9　智能匹配素材生成视频效果

（2）从市场需求角度出发，短视频用户规模呈爆发式增长，当前国内短视频用户已超 10 亿人。如此庞大的用户基数为 AI 短视频的发展开辟了广阔的市场空间。此外，伴随 5G 技术全面普及和超高清视频技术落地，用户对高质量短视频内容的需求持续攀升。

（3）从行业趋势视角度看，AI 短视频正演变为新的创业机遇与竞争核心，诸多公司正踊跃开发及应用 AI 技术，以提升短视频创作质量与传播效能。此类创新举措既降低了视频制作成本，又提高了创作效率与质量。

AI 短视频的发展背景是多方面的，既有技术进步带来的巨大潜力，也有市场需求的强劲驱动，还有行业趋势的不断演变。这些因素共同作用，推动了 AI 短视频行业的快速发展和广泛应用。

1.4　AI 短视频的技术原理与应用领域

AI 短视频高效创作与智能生成的关键在于其技术原理。目前，它在多个领域广泛应用，充分展现了自身的强大潜力和价值。本节将剖析 AI 短视频的技术原理，揭示其背后的算法和机制，探讨其在不同领域的实际应用，帮助读者全面了解 AI 短视频。

1.4.1　AI 短视频的技术原理

AI 短视频的技术原理主要依赖于计算机视觉、深度学习、自然语言处理，以及大数据分析等先进技术。以下是 AI 短视频技术原理的详细解析。

视频教学

（1）视频生成。在视频生成领域，AI 借助深度学习与自然语言处理技术，可对给定的文本内容（故事脚本、小说推文等）进行理解与分析，随后依据内容特性生成对应的视频素材，涵盖动漫、实拍视频等多种形式，以适配不同观众的需求。

利用计算机视觉技术，AI 能够识别图像中的对象、场景和动作，并基于这些信息进行视频合成。例如，剪映等平台上的 AI 技术可以通过智能分析图像，自动识别图像中的元素，并实时添加特效、滤镜等，从而生成最终的短视频作品，效果如图 1-10 所示。

图 1-10　通过剪映 AI 技术生成的视频效果

（2）视频编辑。AI 可基于用户设定要求或视频情感倾向，自动选定最优剪辑模式，如提取关键帧、裁剪视频片段、调控播放速度、切换镜头及添加转场特效等。传统的需具备专业能力的视频剪辑工作，现可借助 AI 技术高效完成。同时，AI 能自动识别视频内的对象、场景与动作，并即时叠加动态贴纸、滤镜、动画等特效，提升视频的观赏性与趣味性。

（3）视频优化。借助深度神经网络技术，AI 可对短视频画质开展优化操作，涵盖去噪、防抖、曝光、校正等，使视频画面更加清晰、稳定。此外，AI 能结合摄像机测试数据与视频实际内容，自动校准视频颜色参数，确保各场景色彩精确无误。

AI 短视频的技术原理是一个复杂而综合的过程，它涉及多个领域的先进技术。这些技术的综合应用，使得 AI 能够自动完成短视频的生成、编辑和优化等各个环节，为短视频创作者和观众带来更加便捷和丰富的体验。

1.4.2　AI 短视频的应用领域

AI 短视频作为新兴的技术方向，其应用领域广泛且多样，为多个行业带来了创新和变革。以下是 AI 短视频的主要应用领域。

视频教学

（1）内容创作与编辑。AI 短视频技术可以自动分析和剪辑用户提供的素材，如图片、音频等，快速生成高质量的短视频内容。通过机器学习算法，AI 能够智能选择合适的音乐、滤镜和特效，实现高效的视频创作和编辑，案例效果如图 1-11 所示。AI 还能协助用户进行创意剪辑，如自动生成精彩瞬间集锦、匹配合适的背景音乐、添加过渡特效等，提升视频内容的吸引力和观赏性。

图 1-11　AI 自动添加滤镜和特效的视频效果

　　（2）内容分析与推荐。AI 通过深度学习和自然语言处理技术对视频内容进行理解和标注，识别视频的主题、情感色彩、人物、物体等要素，为后续的推荐和分发提供基础。基于用户的行为数据、兴趣偏好及实时互动信息，AI 可以构建智能推荐系统，实现个性化内容推送，提高用户黏性和活跃度。

　　（3）营销与广告。AI 能够精准定位目标受众，智能化投放广告，通过预测模型优化广告的点击率和转化效果，提升营销效果。AI 还可以根据提示词或剧本概念生成短视频故事线或剧本摘要，为营销视频的创作者提供灵感和创意支持。

　　（4）教育与培训。AI 短视频技术可以将复杂的知识点以生动、直观的方式呈现，帮助学生更好地理解和掌握知识。通过模拟和演示，AI 短视频可以辅助技能培训，提高学习者的技能水平和操作能力。

　　（5）娱乐与社交。AI 可以生成各种娱乐性质的短视频内容，如动画、游戏解说、音乐 MV 等，丰富用户的娱乐生活。结合增强现实技术，AI 短视频可以实现与用户的实时互动，提升用户的参与感和体验度。

　　（6）视频安全与版权保护。AI 可以自动化筛查违规内容，提升平台的内容安全管理效率。AI 视频模型还可用于检测视频中的版权侵权行为，快速比对海量数据库，确保内容的合法性。

　　AI 短视频在内容创作与编辑、内容分析与推荐、营销与广告、教育与培训、娱乐与社交，以及视频安全与版权保护等多个领域都发挥着重要作用，为相关行业带来了创新和变革。随着人工智能技术的不断进步，AI 短视频的应用领域还将继续拓展和深化。

第 2 章

AI 绘画与 AI 短视频工具及平台

　　AI 绘画与 AI 短视频工具及平台，正以创意与技术的精妙融合为内核，释放出独特的艺术魅力。它们打破传统创作边界，为设计师与创作者开辟出无限可能的新领域。本章我们将一同探索这些平台，了解它们如何以革新的姿态开启艺术创作领域的崭新篇章。

2.1　主流的 AI 绘画工具

　　AI 绘画工具如今已然崛起，成为创意产业的核心驱动力。这类工具不仅大幅降低了艺术创作的准入门槛，让更多人参与到艺术创作中来，更以智能化的技术内核，为艺术家与设计师们开辟出前所未有的自由创作疆域，成为激发无限灵感的源泉。

　　从 AI 自主生成的灵动草图，到像素级的色彩微调，AI 绘画工具正以颠覆性的方式重塑着艺术创作的底层逻辑，不断拓展人类对"创作可能性"的认知边界。本节将聚焦市场主流的 AI 绘画工具，通过技术架构拆解、功能特性对比与典型场景应用分析，系统性呈现其赋能创意生产的底层逻辑与实战价值。

2.1.1　文心一格

　　【效果展示】：文心一格借助人工智能技术，为用户提供了一系列高效的、具有创造力的 AI 创作工具和服务，让用户在艺术和创作方面能够更加自由、高效地实现自己的创意想法，效果如图 2-1 所示。

视频教学

图 2-1　效果展示

下面介绍文心一格的登录步骤与基本使用方法。

01　进入文心一格官网首页，在页面的右上角单击"登录"按钮，如图 2-2 所示。

图 2-2　单击"登录"按钮

02　执行操作后，进入百度的"用户名密码登录"页面，用户可以直接使用百度账号进行登录，也可以通过 QQ、微博、微信等账号进行登录，没有相关账号的用户可以单击"立即注册"链接，如图 2-3 所示。

图 2-3　单击"立即注册"链接

03　执行操作后，进入百度"欢迎注册"页面，如图 2-4 所示，用户只需输入用户名、手机号、密码和验证码，并根据提示进行操作即可完成注册。

04　登录文心一格平台，在"首页"页面中单击⚡按钮，如图 2-5 所示。

05　执行操作后，进入"充电"页面，用户可以通过完成签到、画作分享等任务来领取"电量"，也可以单击"充电"按钮，如图 2-6 所示。

图 2-4　百度的"欢迎注册"页面

图 2-5　单击相应按钮

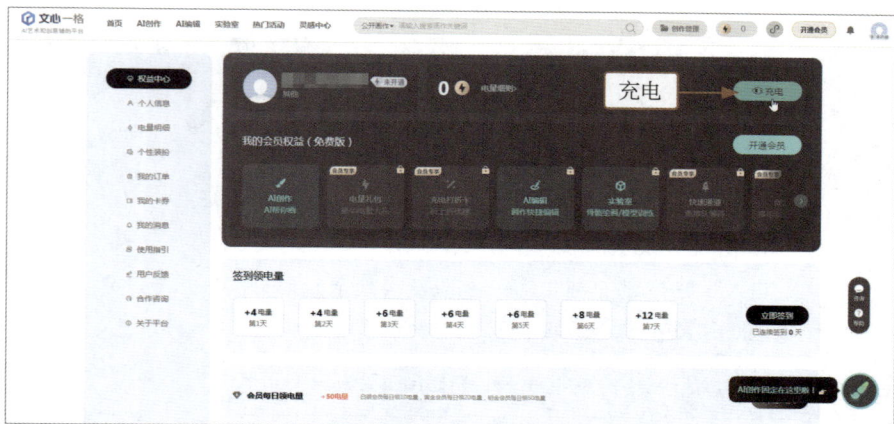

图 2-6　单击"充电"按钮

06　执行操作后，跳转至"充值"页面，如图 2-7 所示，选择要充值的金额，单击"立即购买"按钮即可进行充值。

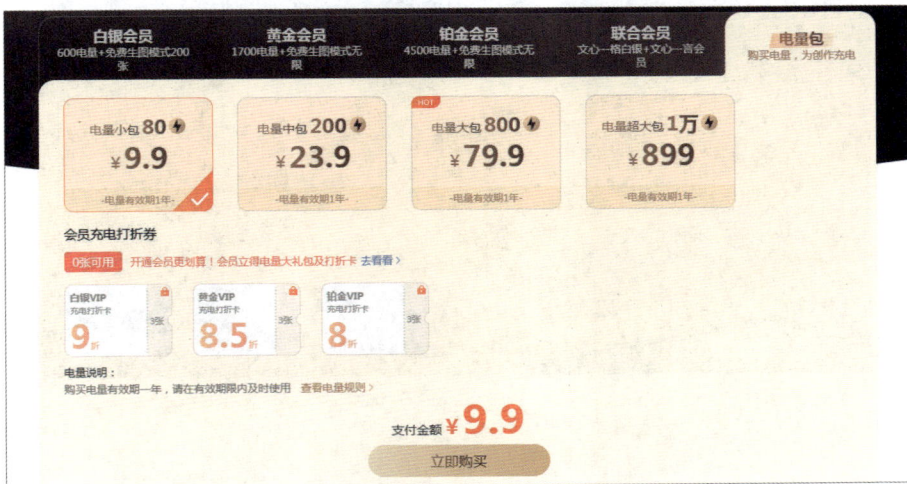

图 2-7　"充值"页面

☀
专 家 提 醒

　　"电量"是文心一格平台为用户提供的数字化商品，用于兑换文心一格平台上的图片生成服务、指定公开画作下载服务，以及其他增值服务等，用户可以在"电量明细"页面中查看电量的使用情况。

07　返回主页面，单击"立即创作"按钮，进入"AI 创作"页面，输入提示词，单击"立即生成"按钮，如图 2-8 所示。

图 2-8　单击"立即生成"按钮

08 稍等片刻，即可生成一幅 AI 绘画作品，如图 2-9 所示。

图 2-9　生成 AI 绘画作品

专家提醒

　　本实例中用到的提示词为"中国女孩，青丝披肩，梳着精致的花苞式发髻。身着一袭轻盈的白色纱裙，优雅中透露出少女的清新和纯美。背景是一个古色古香的庭院，绿树成荫，微风拂面"。

2.1.2　即梦AI

　　【效果展示】：即梦是由字节跳动公司推出的一款 AI 创作工具，用户只需提供文本描述，其即可根据描述词，将创意和想法转化为图像或视频画面，效果如图 2-10 所示。

视频教学

图 2-10　效果展示

下面介绍即梦 AI 的登录步骤与基本使用方法。

01　进入即梦 AI 官网首页，在页面的右上角单击"登录"按钮，如图 2-11 所示。

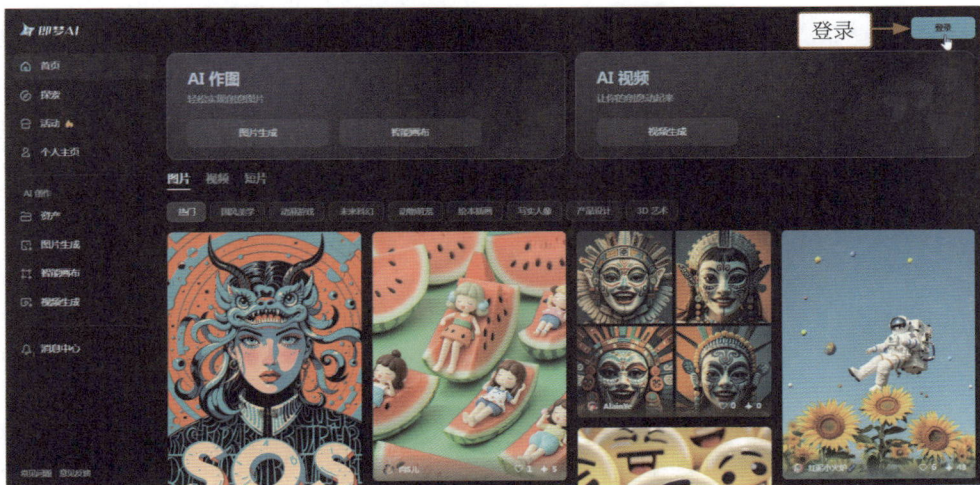

图 2-11　单击"登录"按钮

02　进入"登录"页面，选中相关的协议复选框，然后单击"登录"按钮，如图 2-12 所示。

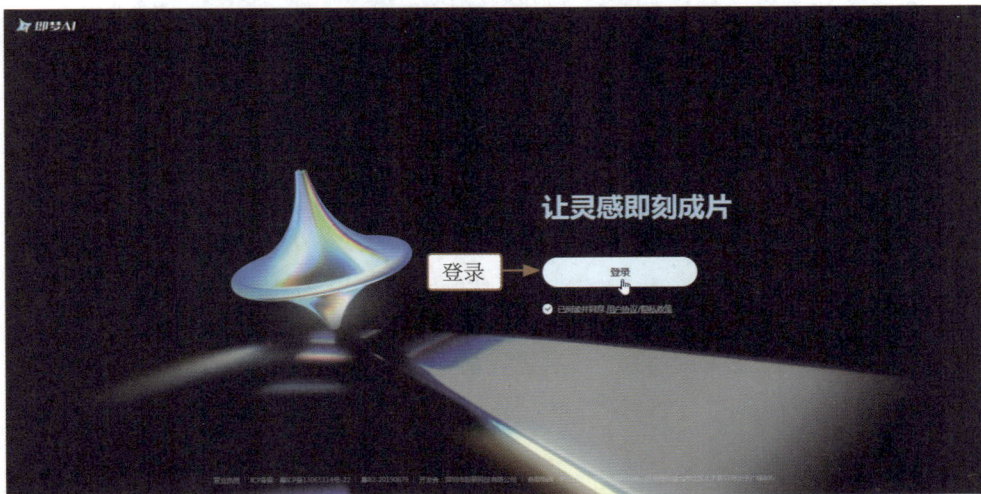

图 2-12　进行登录操作

03　在弹出的"抖音授权登录"窗口中，选择"扫码授权"选项卡，打开手机中的抖音 App，用手机扫描窗口中的二维码，如图 2-13 所示。

04　执行操作后，在手机上同意授权，即可登录即梦账号。页面右上角显示了抖音账号的头像，表示登录成功，如图 2-14 所示。

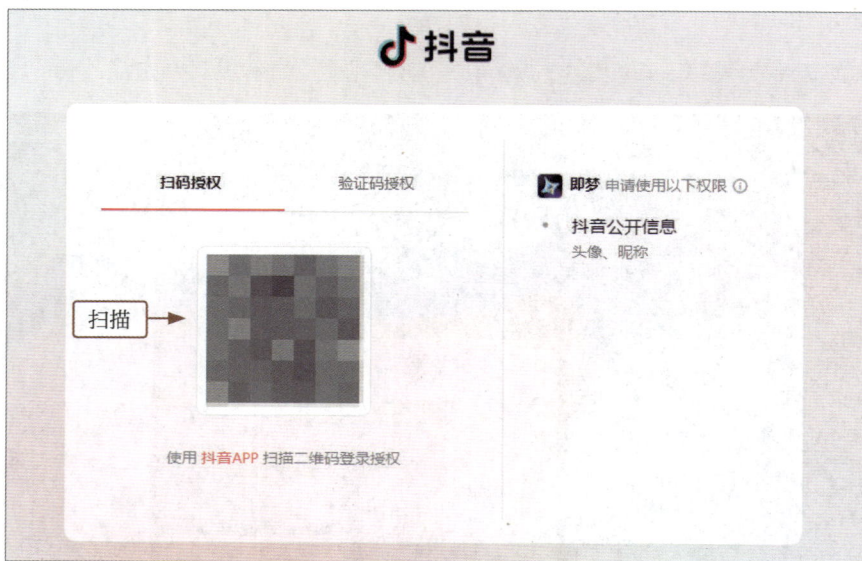

图 2-13　扫描窗口中的二维码

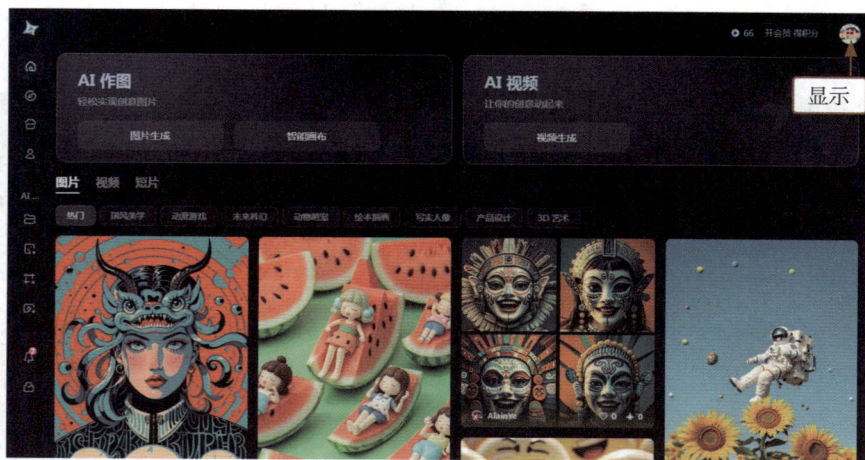

图 2-14　显示抖音账号头像

💡 **专家提醒**

　　如果用户没有抖音账号，可以到手机的应用商店中下载抖音 App，并通过手机号码注册、登录，然后打开抖音 App，点击界面左上角的 ☰ 按钮，在弹出的列表框中点击"扫一扫"按钮，即可进入扫一扫界面。

---

05 在"AI 作图"选项区中，单击"图片生成"按钮，如图 2-15 所示，使用"图片生成"功能进行 AI 作图。

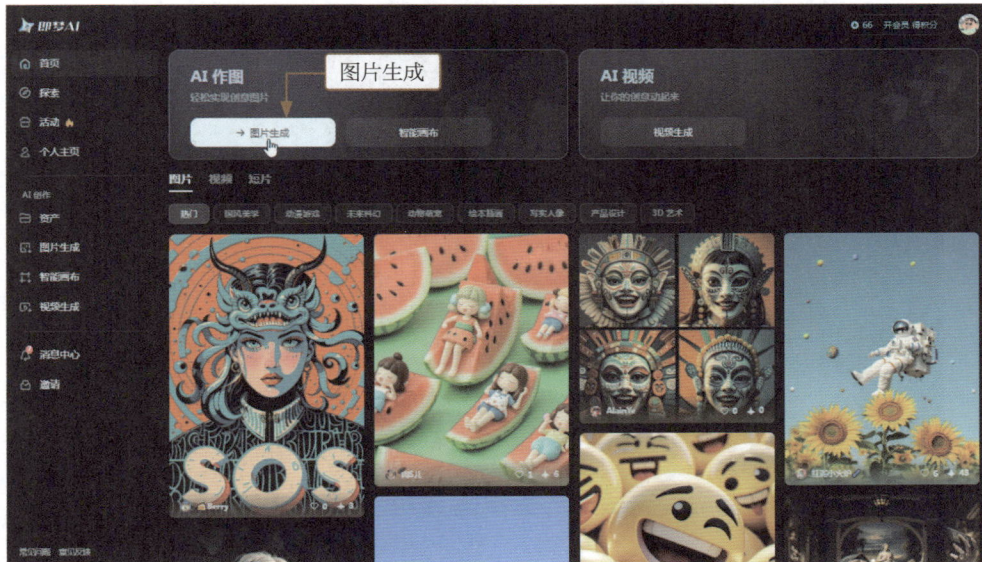

图 2-15　单击"图片生成"按钮

06　执行操作后，进入"图片生成"页面，如图 2-16 所示，在该页面中可以进行 AI 绘图操作。

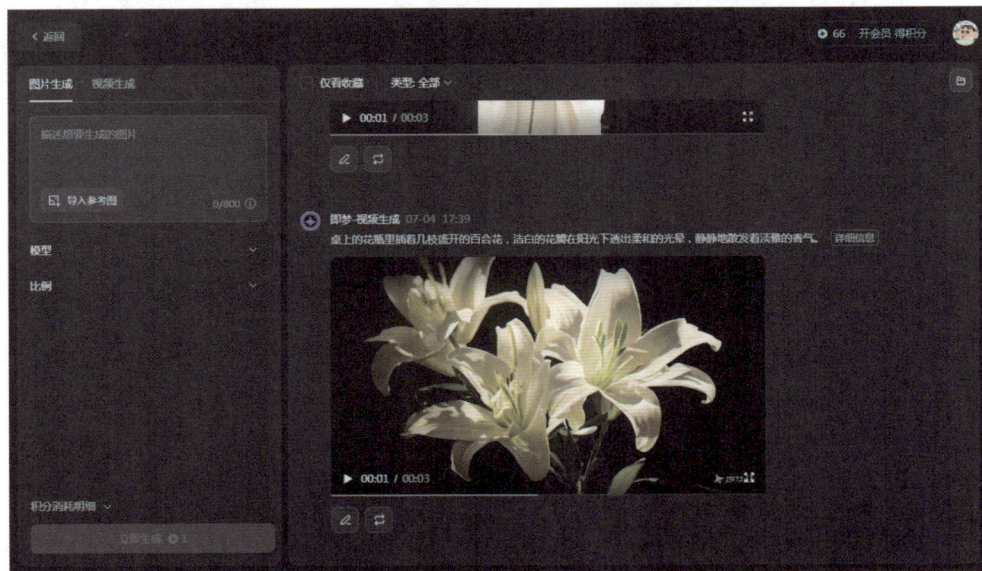

图 2-16　进入"图片生成"页面

07　在页面左上方的输入框中，输入 AI 绘画的提示词，单击"立即生成"按钮，如图 2-17 所示。

08　执行操作后，即可生成 4 幅 AI 图片，显示在右侧窗格中，如图 2-18 所示。

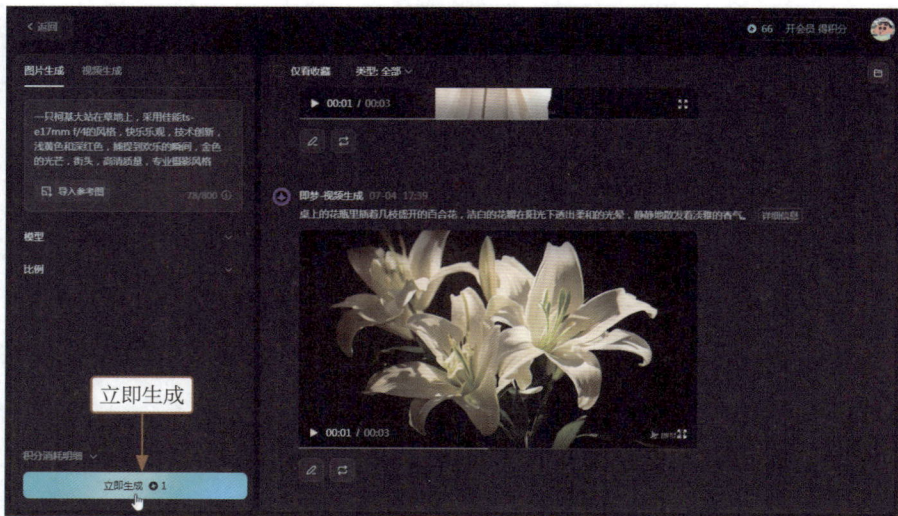

图 2-17　单击"立即生成"按钮

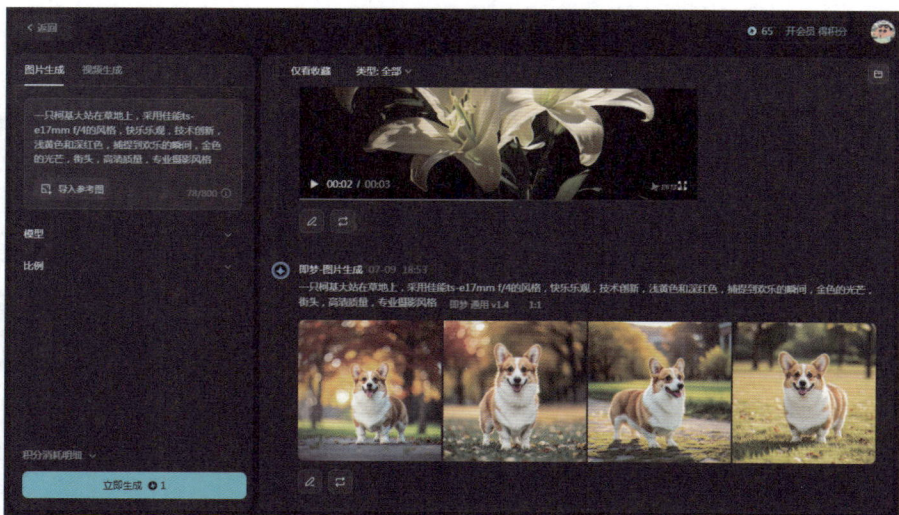

图 2-18　生成 4 幅 AI 图片

2.1.3　Midjourney

【效果展示】：Midjourney 是一款通过人工智能技术进行绘画创作的工具，用户可以在其中输入文字、图片等提示内容，让 AI 机器人自动创作出符合要求的图片，效果如图 2-19 所示。

视频教学

图 2-19　效果展示

专 家 提 醒

Midjourney 目前在 Discord 频道上运行，需要拥有 Discord 账号才能使用。Discord 是一款免费的通信软件，主要用于语音、视频和文字聊天。

下面简单介绍 Midjourney 的添加步骤与基本使用方法。

01 进入 Midjourney 主页，在页面的左侧单击"添加服务器"按钮，如图 2-20 所示。

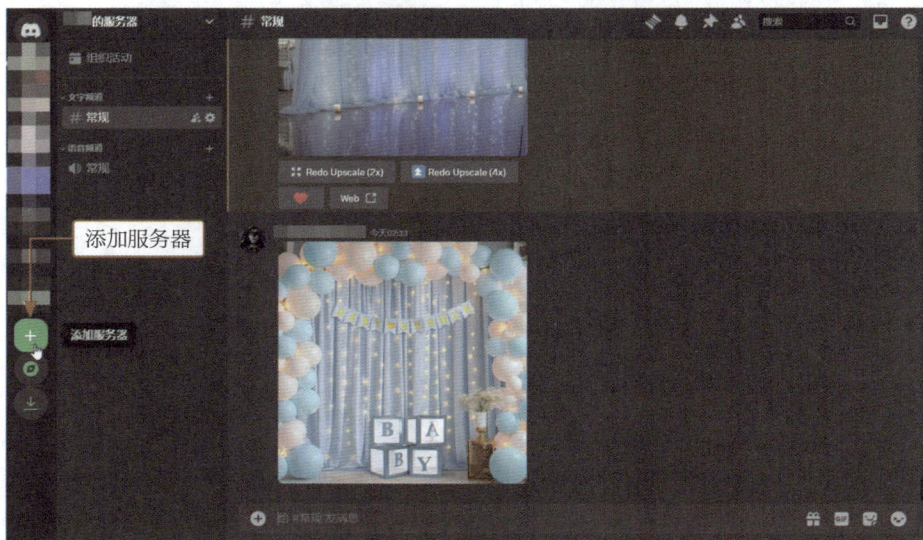

图 2-20　单击"添加服务器"按钮

02 执行操作后，在弹出的"创建您的服务器"对话框中，单击"亲自创建"按钮，如图 2-21 所示。

03 在弹出的"告诉我们更多关于您服务器的信息"对话框中，单击"仅供我和我的朋友使用"按钮，如图 2-22 所示。

04 在弹出的"自定义您的服务器"对话框中，输入服务器名称，单击"创建"按钮，如图 2-23 所示，即可成功创建服务器。

05 进入"服务器"页面，单击"添加您的首个 APP"按钮，如图 2-24 所示。

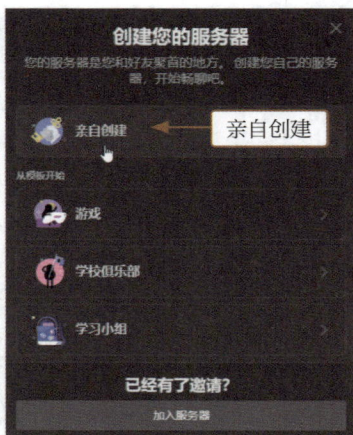

图 2-21　单击"亲自创建"按钮

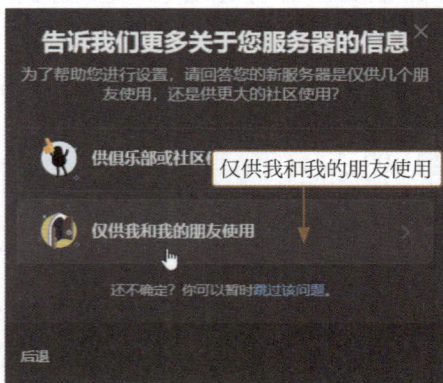

图 2-22　单击"仅供我和我的朋友使用"按钮

图 2-23　单击"创建"按钮

图 2-24　单击"添加您的首个 APP"按钮

06 进入"Discord App 目录"面板，在输入框中输入 Midjourney，如图 2-25 所示。

07 按【Enter】键确认，选择 Midjourney Bot 选项，如图 2-26 所示。

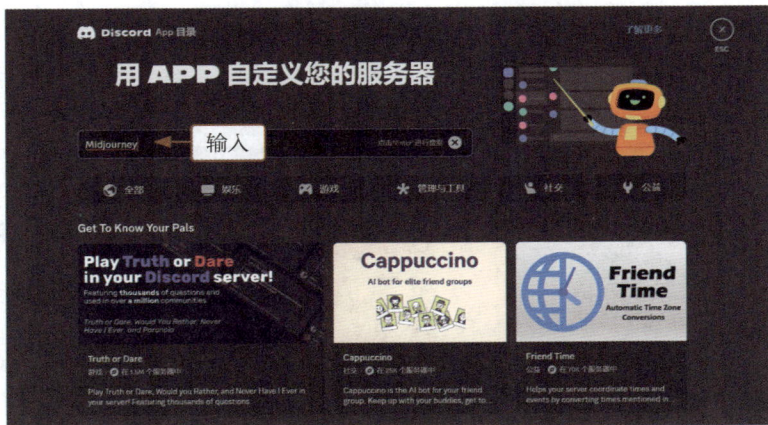

图 2-25　输入 Midjourney

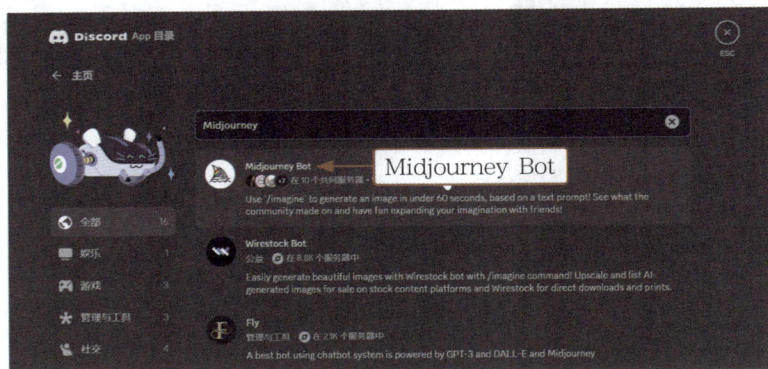

图 2-26　选择 Midjourney Bot 选项

08　进入 Midjourney Bot 页面，单击"添加 APP"按钮，如图 2-27 所示。

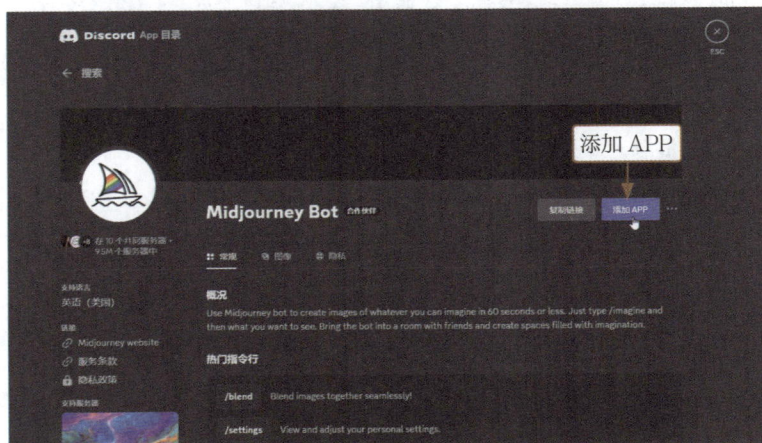

图 2-27　单击"添加 APP"按钮

09 单击"添加至服务器"按钮，如图 2-28 所示。

10 在弹出的对话框中，选择刚才创建的服务器，单击"继续"按钮，自动勾选相关的权限，单击"授权"按钮，如图 2-29 所示，即可成功添加 Midjourney 至服务器中。

图 2-28　单击"添加至服务器"按钮　　　　图 2-29　添加 Midjourney 至服务器中

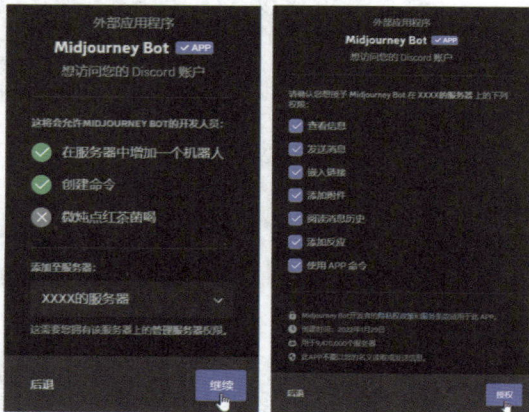

11 返回 Midjourney 主页，在下面的输入框中输入 /（正斜杠符号），在弹出的列表框中选择 imagine（想象）指令，如图 2-30 所示。

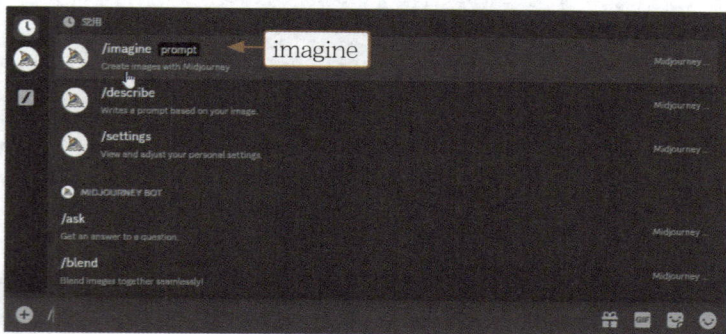

图 2-30　选择 imagine 指令

12 在对话框中输入提示词，例如"Beautiful sunset on the sea, rocky cliffs, sea horizon, blue sky and white clouds, panoramic view, wide-angle lens, high-definition photography, high-resolution details"（大意为：美丽的海上日落，岩石峭壁，大海地平线，蓝天白云，全景，广角镜头，高清摄影，高分辨率细节），如图 2-31 所示。

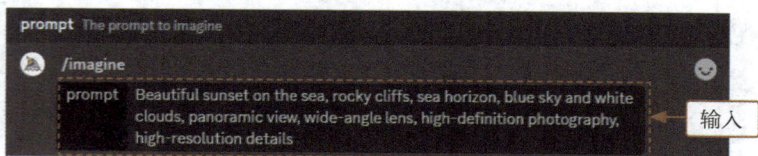

图 2-31　输入提示词

13 按【Enter】键确认，稍等片刻，Midjourney 会根据用户提供的提示词生成相应的 4 幅图像，如图 2-32 所示。

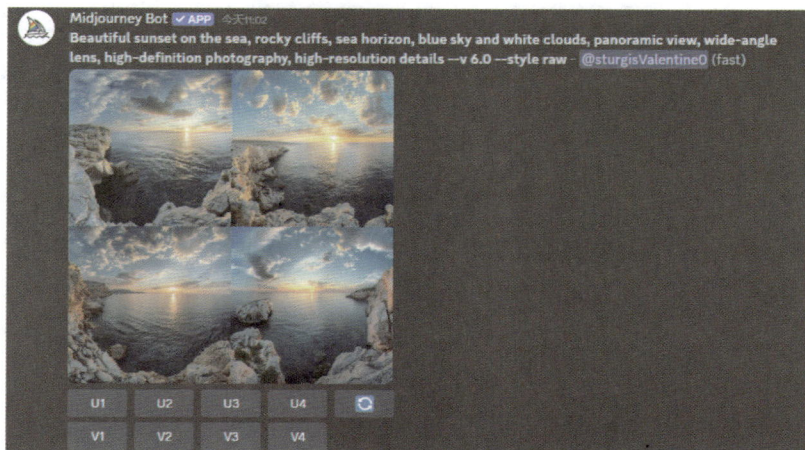

图 2-32　生成 4 幅图像

14 在生成的 4 幅图像中，选择最满意的一幅，例如这里选择第 1 幅，单击 U1 按钮，Midjourney 将在第 1 幅图像的基础上进行更加精细的刻画，并放大图像效果，如图 2-33 所示。

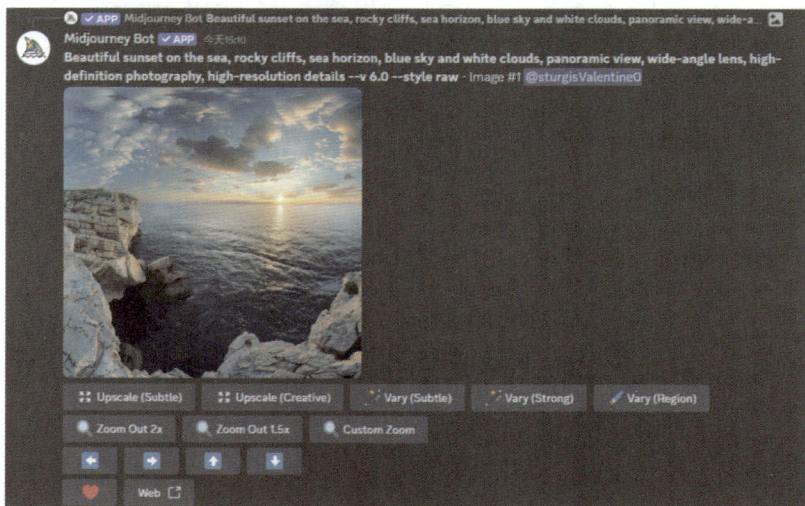

图 2-33　生成图像效果

专家提醒

Midjourney 生成图片下方的 U 按钮表示放大选中图像的细节。如果用户对于 4 幅图像中的某幅图像感到满意，可以使用 U1 至 U4 按钮生成大图效果。

2.1.4 Stable Diffusion

Stable Diffusion(简称 SD) 是开源的深度学习图像生成模型，可基于任意文本描述生成高质量、高分辨率、高逼真度的图像。该模型实现了代码、数据与模型架构全开源，且参数量适中，支持用户在普通显卡上完成图像创作乃至模型参数微调。

视频教学

作为文本到图像生成领域的代表性工具，其核心价值在于将抽象文本转化为具象化的视觉表达，为创作者提供跨模态创作的自由体验。网页版绘图平台的推出，进一步降低了 SD 的使用门槛，用户无须本地部署环境，通过浏览器即可一键启动创作流程，快速进入 AI 驱动的创意生产空间。

【效果展示】：Liblib AI(哩布哩布 AI) 是一个热门的 AI 绘画模型网站，使用 Stable Diffusion 这种先进的图像扩散模型，可以根据用户输入的文本提示词，快速生成高质量且匹配度非常精准的图像，效果如图 2-34 所示。

图 2-34　效果展示

下面介绍 Stable Diffusion 的登录步骤与基本使用方法。

01 打开 Liblib AI 官网，在页面的右上角单击"登录 / 注册"按钮，如图 2-35 所示。

02 执行操作后，弹出"登录"对话框，如图 2-36 所示，用户可以使用手机号码直接注册并登录，也可以使用微信、QQ 账号进行授权登录。

03 返回 LiblibAI 主页，单击左侧的"在线生图"按钮，如图 2-37 所示。

图 2-35　单击"登录 / 注册"按钮

图 2-36　"登录"对话框

图 2-37　单击"在线生图"按钮

04 执行操作后，进入"文生图"页面，在 CHECKPOINT 列表框中选择"基础模型 _V3.safetensors" 选项，这是 Stable Diffusion 三大模型的普通版，输入相应的提示词，指定生成图像的画面内容，如图 2-38 所示。注意，系统会自动输入负向提示词，用户无须手动输入。

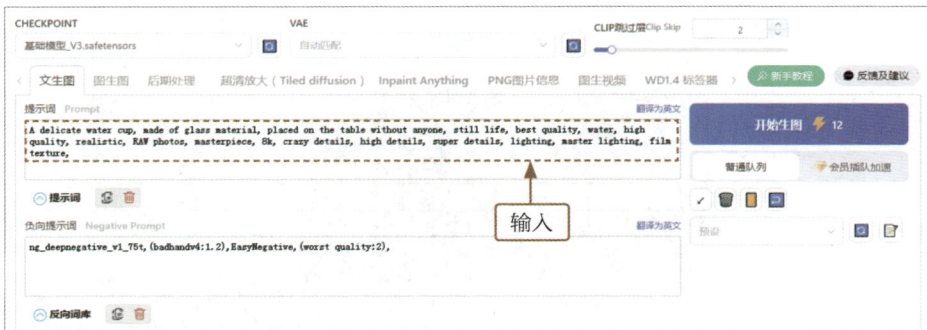

图 2-38　输入提示词

05 在页面下方的"生图"选项卡中，设置"宽度"为 512、"高度"为 768，将画面尺寸调整为竖图，单击"开始生图"按钮，即可生成相应的图像，效果如图 2-39 所示。

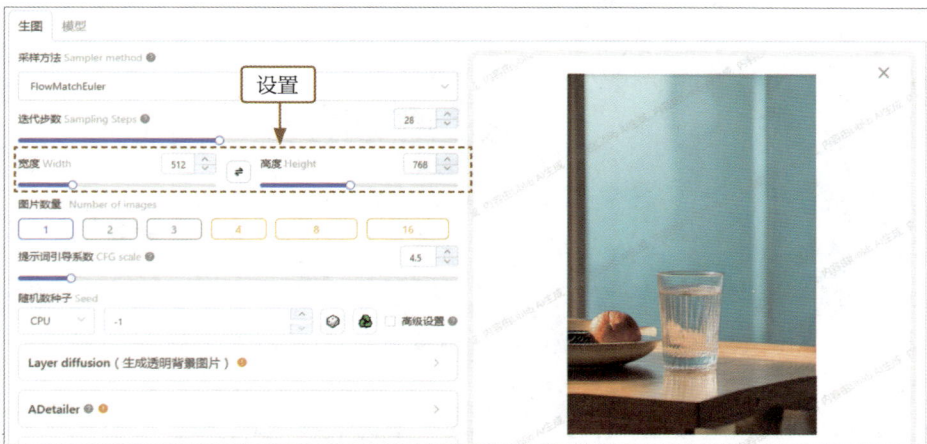

图 2-39　生成图像效果

2.1.5　Photoshop AI

　　Photoshop AI 是指在 Photoshop（简称 PS）中集成人工智能技术模块，如创成式填充、智能移除工具，以及 Neural Filters 神经滤镜等，借助计算机视觉、深度学习和生成对抗网络等技术体系，实现艺术创作流程的智能化重构。该技术通过模型训练解析艺术风格特征，依据参数化生成逻辑输出

视频教学

具有风格延续性的全新视觉内容。

【效果对比】：Photoshop AI 绘画技术其实是通过在原有图像上绘制新的图像，生成更多有趣的图像内容，还可以进行智能化的修图处理，通过去除不需要的元素、添加虚构元素，以及提高整体画面的美感，创造出一种更加独特、富有创意和艺术性的图像效果。图 2-40 为使用 Photoshop AI 创成式填充功能更换人物服装的前后效果对比。

图 2-40　效果对比

下面介绍使用 Photoshop AI 中创成式填充功能的操作方法。

01　打开 Photoshop AI，单击"文件"|"打开"命令，打开一幅素材图像，选取工具箱中的"套索工具" ，如图 2-41 所示。

02　运用套索工具 ，在画面中人物衣服的周围按住鼠标左键并拖曳，框住人物的上衣，释放鼠标左键，即可创建一个不规则的选区，如图 2-42 所示。

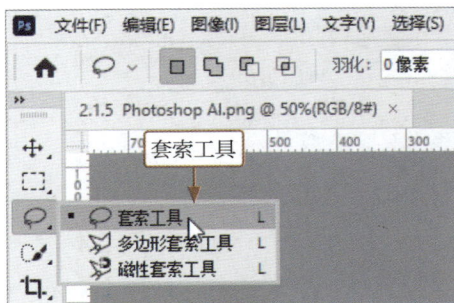

图 2-41　选取套索工具

图 2-42　创建一个不规则的选区

03 在浮动工具栏中，单击"创成式填充"按钮，在左侧的输入框中输入提示词"淡蓝色上衣"，如图 2-43 所示。

04 执行操作后，在浮动工具栏中单击"生成"按钮，稍等片刻即可替换画面中人物的上衣，如图 2-44 所示。

图 2-43　输入提示词

图 2-44　替换人物的上衣

2.1.6　Adobe Firefly

Adobe Firefly（萤火虫）是一款集成生成式 AI 的创意工具，它依托生成对抗网络等底层技术架构，成功实现了图像内容合成、视觉质量优化及缺陷修复三大核心功能。借助强大的技术能力，它能够生成高度逼真的虚拟元素，强化画面的细节层次，并且针对残损像素或动态模糊区域进行智能补全与锐化处理。

视频教学

【**效果展示**】：Adobe Firefly 可基于用户指令即时生成定制化图像，效果如图 2-45 所示。通过算法自动化处理流程，Adobe Firefly 可显著缩短创作周期，将人力从图像基础生成环节解放出来，使用户能够将更多精力聚焦于创意构思与战略规划等高价值任务。

图 2-45　效果展示

下面介绍 Adobe Firefly 的登录步骤与基本操作方法。

01　进入 Adobe Firefly 官网，在右上角单击"登录"按钮，如图 2-46 所示。

图 2-46　单击"登录"按钮

02　在弹出的"登录或创建账户"对话框中，单击"登录"按钮，如图 2-47 所示，输入电子邮箱即可登录 Adobe Firefly 账号。如果用户没有邮箱账号，可使用 QQ 账号创建电子邮箱，然后使用 QQ 邮箱进行账号的注册。此外，用户还可使用谷歌、苹果账号进行登录。

图 2-47　单击"登录"按钮

03　回到 Adobe Firefly 主页，在"文本到图像"选项区中，单击"生成"按钮，如图 2-48 所示。

04　执行操作后，进入"文本到图像"页面，输入提示词，单击"生成"按钮，如图 2-49 所示。

05　执行操作后，Adobe Firefly 将根据用户提供的提示词自动生成 4 张图片，如图 2-50 所示。

图 2-48 单击"生成"按钮

图 2-49 输入提示词生成图像

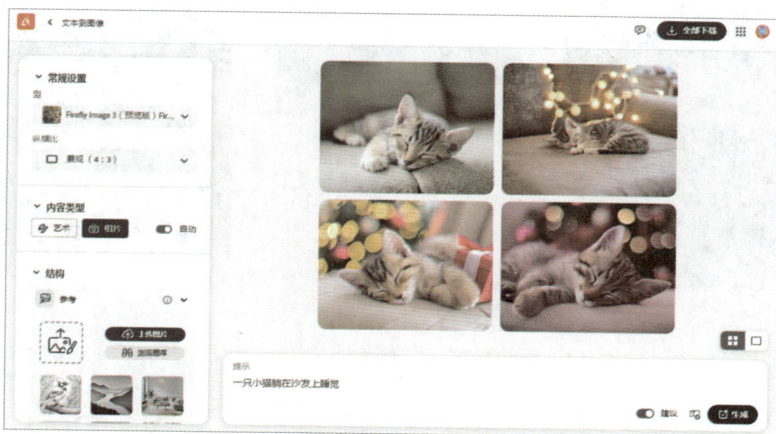

图 2-50 生成 4 张图片

06 选择图片即可预览大图效果，在图片右上角单击"下载"按钮，即可下载图片，如图 2-51 所示。

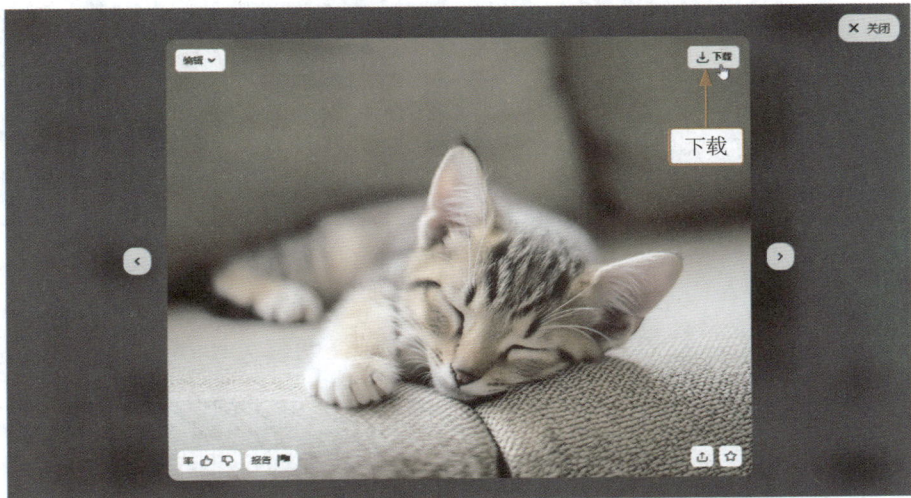

图 2-51　单击"下载"按钮

2.2　热门的 AI 短视频制作工具

　　AI 短视频借助人工智能技术实现了视频内容的自动化生成与编辑。它运用智能剪辑算法，高效完成素材筛选与场景拼接工作，同时集成语音合成技术，实现多语种自动配音，还支持动态字幕生成并能适配不同样式，从而在降低制作成本的情况下提升成片专业度。

　　本节将聚焦于主流 AI 短视频制作工具的核心功能模块，进行对比分析，重点解析各平台在智能剪辑逻辑、语音与画面同步精度，以及字幕交互设计等方面所采用的差异化技术路径。

2.2.1　剪映

　　【效果展示】：剪映在版本迭代中新增了多项 AI 剪辑功能模块，这些模块借助智能算法，能够对素材进行自动分析，精准匹配转场效果，还能一键适配特效。用户仅需提交基础剪辑需求指令，即可在短时间内获得具备专业级画面节奏与视觉美学的成片，如图 2-52 所示。

效果展示　　视频教学

图 2-52　效果展示

下面介绍剪映的登录步骤与基本操作方法。

01　打开剪映官网，在页面中单击"立即下载"按钮，如图 2-53 所示。

图 2-53　单击"立即下载"按钮

02　执行操作后，弹出"下载"对话框，单击"打开"按钮，如图 2-54 所示。

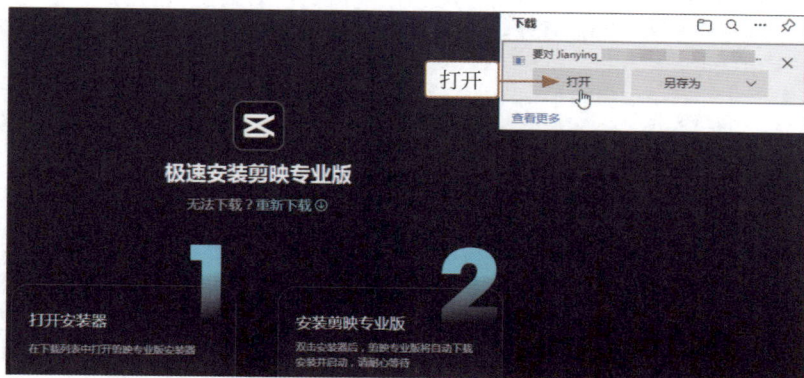

图 2-54　单击"打开"按钮

03　下载并安装成功后，进入剪映电脑版首页，单击"开始创作"按钮，如图 2-55 所示。

图 2-55 单击"开始创作"按钮

04 进入"媒体"功能区,在"本地"选项卡中导入视频素材,单击视频素材右下角的"添加到轨道"按钮⊕,如图 2-56 所示。

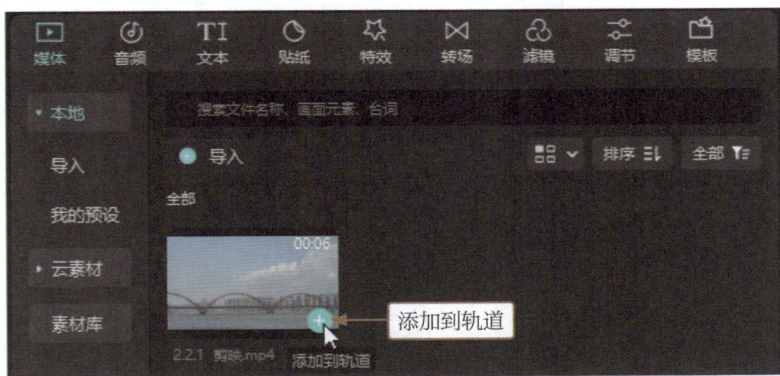

图 2-56 单击"添加到轨道"按钮

05 执行操作后,即可把视频素材添加到视频轨道中,如图 2-57 所示。

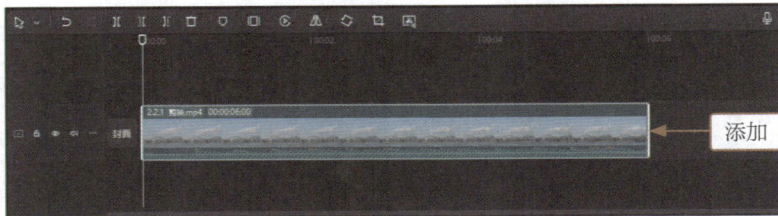

图 2-57 把视频素材添加到视频轨道中

06 选择视频素材,单击"调节"按钮,进入"调节"操作区,选中"智能调色"复选框,进行智能调色,如图 2-58 所示。

07 继续调整视频画面,设置"色温"为 10、"色调"为 5、"饱和度"为 15、"光感"为 13,让视频色彩更鲜艳,画面变亮一些,如图 2-59 所示。

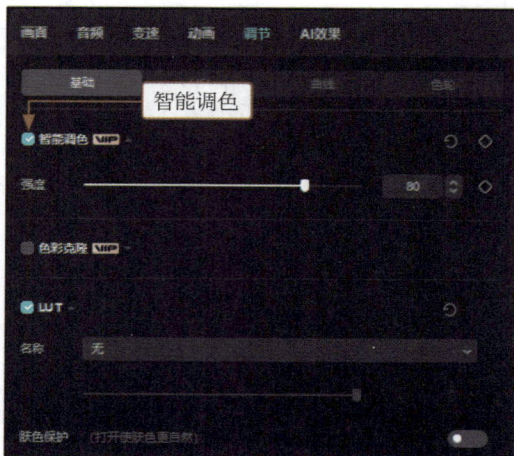 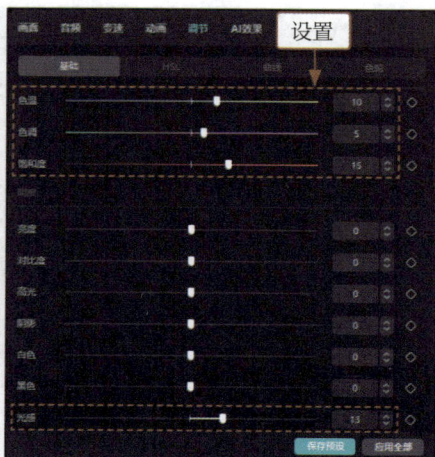

图 2-58　选中"智能调色"复选框　　　　　　图 2-59　设置画面参数

> **专家提醒**
>
> 在进行智能调色处理时，用户还可以设置"强度"参数，调整调色程度。

2.2.2　Runway

【效果展示】：Runway（跑道）是一款在线的 AI 短视频创作工具，它可以帮助用户轻松生成创意性的视频效果。借助 Runway，用户可以进行文字转图像和文字转视频等操作，效果如图 2-60 所示。

效果展示　　　视频教学

图 2-60　效果展示

下面介绍 Runway 的登录步骤和基本操作方法。

01　在浏览器中打开 Runway 官网，在页面中单击 Sign Up-It's Free(免费注册) 按钮，如图 2-61 所示。

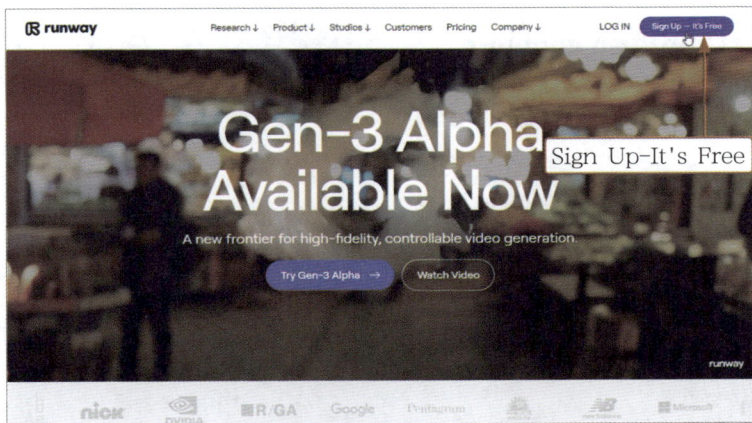

图 2-61　单击 Sign Up-It's Free 按钮

💡
专家提醒

　　如果用户已拥有 Runway 账号，则只需单击 LOG IN(登录) 按钮，输入账号和密码，即可登录 Runway 账号。

---

02 进入 Create an account(创建一个账户) 页面，在该页面中输入电子邮箱，单击 Next(下一步) 按钮，如图 2-62 所示。

03 在新跳转的页面中输入账号名称和密码，并确认密码，单击 Next 按钮，如图 2-63 所示。

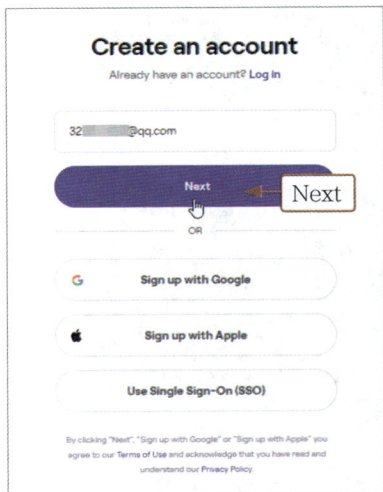

图 2-62　确认登录邮箱

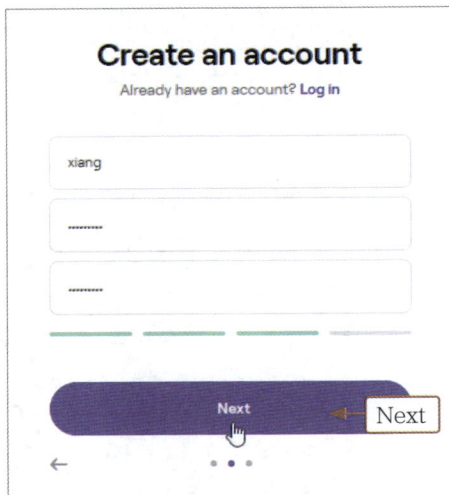

图 2-63　确认账号名称和密码

04 在新跳转的页面中，输入用户的名和姓 (组织内容可选填)，单击 Create Account(创建账户) 按钮，如图 2-64 所示。

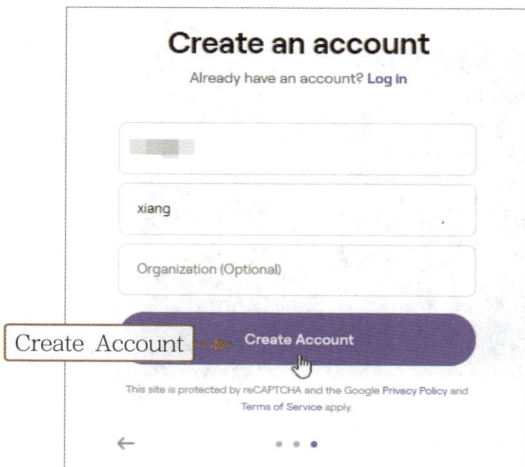

图 2-64　创建账户

05 执行操作后，Runway 会对注册信息进行验证，验证完成后，单击 Runway 官网页面中的 LOG IN 按钮，并输入账号和密码，即可登录 Runway 的账号。进入 Runway 的 Home 页面 (主页)，单击页面中的 Get started(开始) 按钮，如图 2-65 所示。

06 执行操作后，进入 Runway 的操作界面，单击图图标，如图 2-66 所示，上传图片素材。

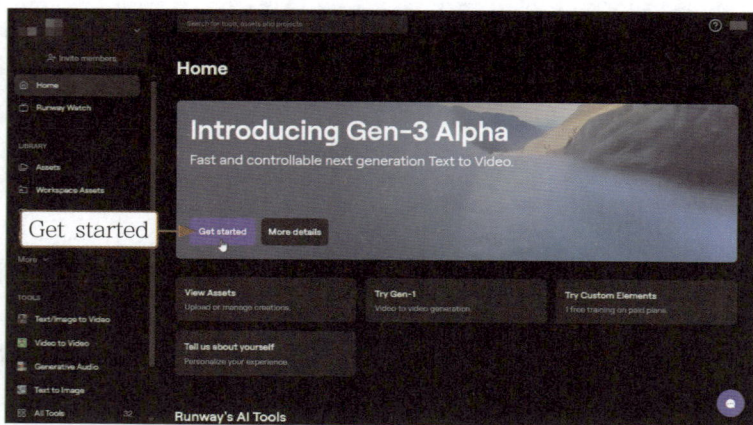

图 2-65　单击 Get started 按钮

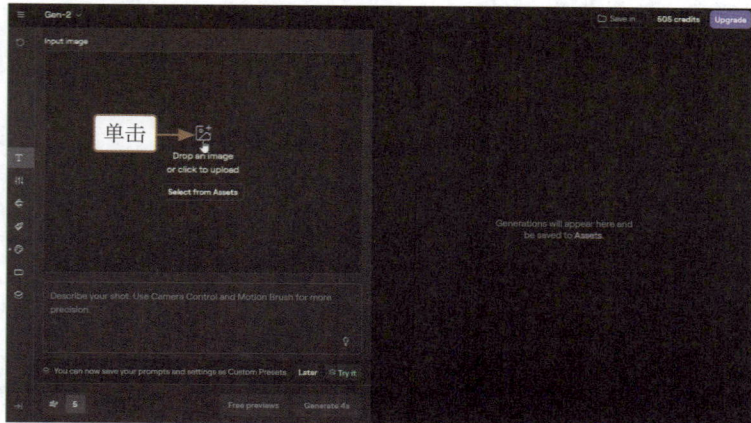

图 2-66　单击上传图片图标

07 在弹出的"打开"对话框中，选择需要上传的图片素材，单击"打开"按钮，如图 2-67 所示，将该图片素材上传至 Runway 中。

08 图片上传成功后，单击 Generate 4s（生成 4 秒的视频）按钮，如图 2-68 所示，进行短视频的生成。

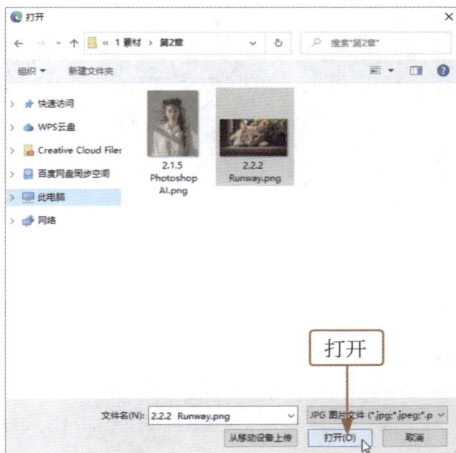
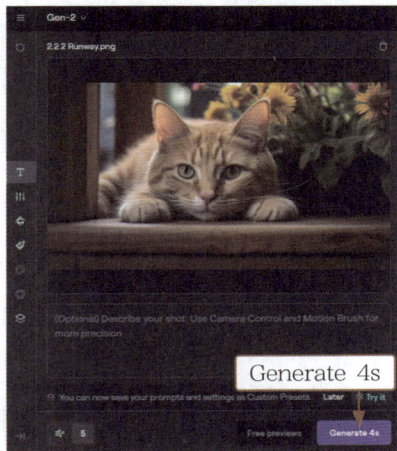

图 2-67　上传图片素材　　　　　　　　　图 2-68　单击 Generate 4s 按钮

09 执行操作后，即可生成短视频效果，如图 2-69 所示。

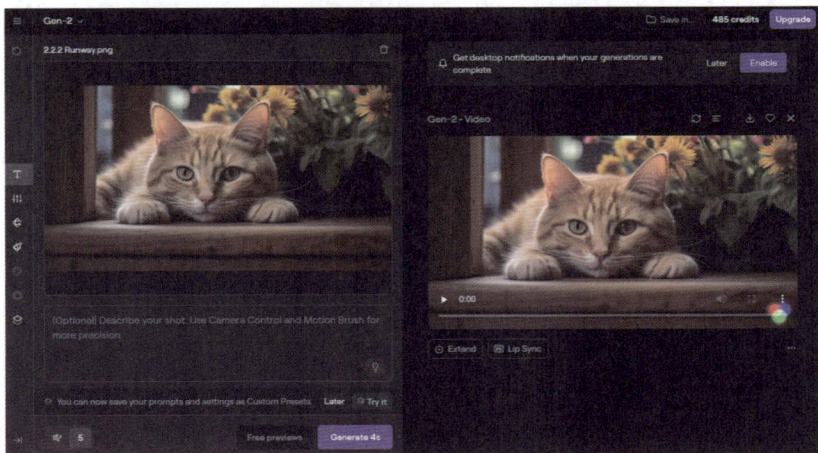

图 2-69　生成短视频效果

2.2.3　Pika

【**效果展示**】：Pika 是一款利用 AI 技术制作视频的工具，它利用先进的 AI 算法快速生成高质量的视频内容，帮助用户节

效果展示　　视频教学

省大量的时间和精力，非常适合用于内容创作、广告制作等场景，效果如图 2-70 所示。

图 2-70　效果展示

下面介绍 Pika 的登录步骤和基本操作方法。

01 在浏览器中打开 Pika 的官网，单击页面中的 Sign In(登录) 按钮，如图 2-71 所示。

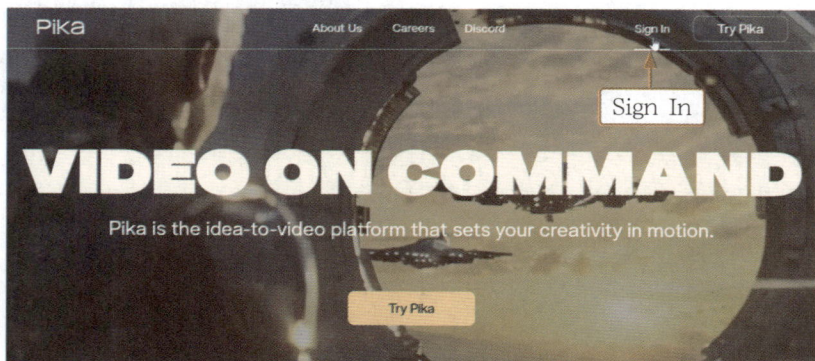

图 2-71　单击 Sign In 按钮

02 进入 READY TO USE PIKA?(准备好使用 Pika 了吗？) 页面，这里使用电子邮件账号进行登录，单击 Sign in with an email (使用电子邮件登录) 按钮，如图 2-72 所示。

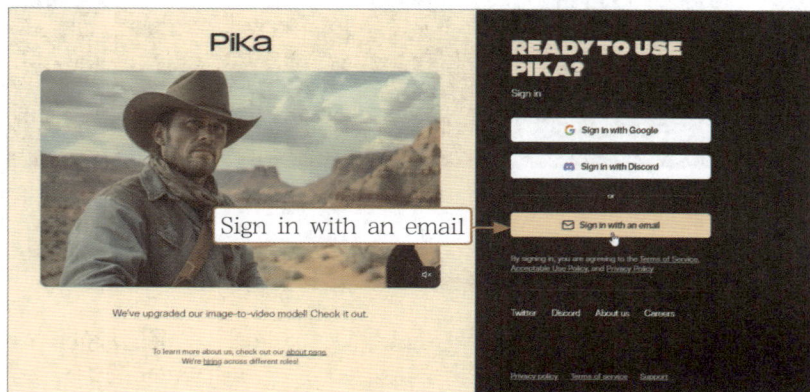

图 2-72　单击 Sign in with an email 按钮

03 进入 SIGN IN 页面，单击 Sign up(注册) 按钮，如图 2-73 所示。

04 进入 SIGN UP 页面，输入用户名称、电子邮箱和密码，单击 Sign up 按钮，如图 2-74 所示，即可成功注册账号。

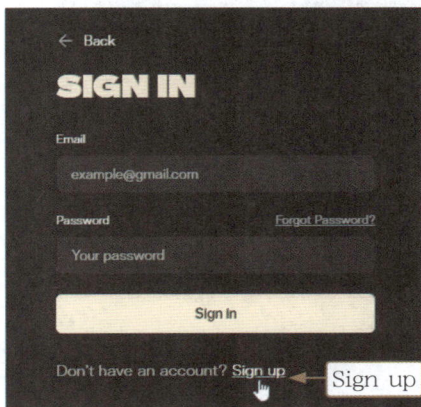

图 2-73　单击 Sign up(注册) 按钮

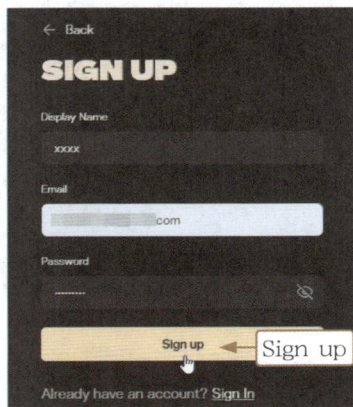

图 2-74　单击 Sign up 按钮

05 进入 Pika 的操作页面，在页面下方的输入框中输入提示词，如果要调整短视频的比例，单击 Advanced options(高级选项) 按钮，如图 2-75 所示。

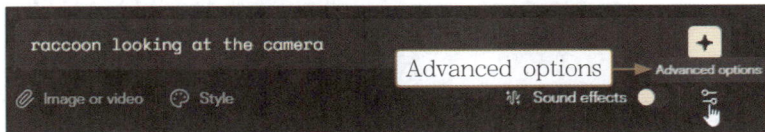

图 2-75　单击 Advanced options 按钮

06 在展开的面板中，设置 Rotate(旋转) 为逆时针方向、Zoom(移动) 为放大、Aspect ratio(纵横比) 为 16:9、Strength of motion(运动强度) 为 4，如图 2-76 所示。

图 2-76　设置参数

07 执行操作后，单击按钮，即可成功生成短视频效果，如图 2-77 所示。

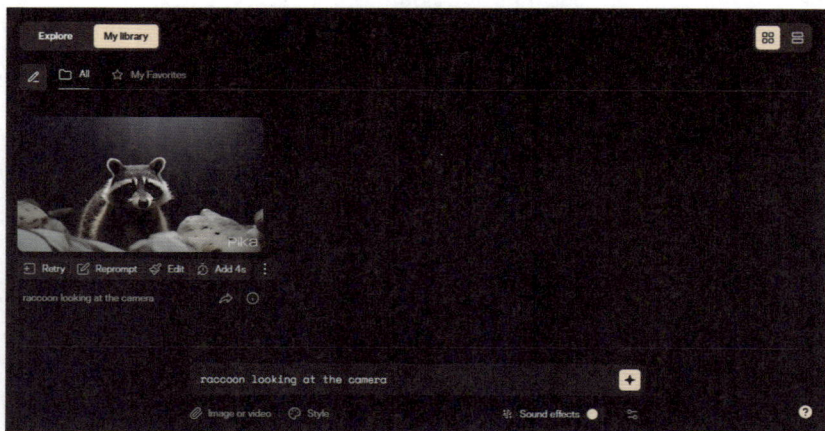

图 2-77　生成短视频效果

2.2.4　腾讯智影

腾讯智影依托 AI 算法引擎重构视频生产流程，通过智能场景解析、素材自动归类及转场动态适配等技术模块，将专业剪辑工具转化为参数化交互界面，新手用户可依托模板化操作路径快速完成成片的输出，资深创作者亦可调用动态追踪、多轨蒙版等高阶功能实现专业级画面调校。

效果展示　　**视频教学**

【**效果展示**】：腾讯智影提供的大量模板和素材样式，使普通用户也可以轻松创建虚拟数字人，并且生成的数字人模型细节丰富，口型和语音的同步都达到优质水平，效果如图 2-78 所示。

图 2-78　效果展示

下面介绍腾讯智影的登录步骤和基本操作方法。

01　　进入腾讯智影官网，单击页面右上角的"登录"按钮，如图 2-79 所示。

02 弹出登录对话框，如图 2-80 所示。以使用微信账号登录为例，用户需要打开手机微信，点击"微信"界面右上角的 ⊕ 按钮。在弹出的列表框中选择"扫一扫"选项，对准登录对话框中的二维码进行扫描。

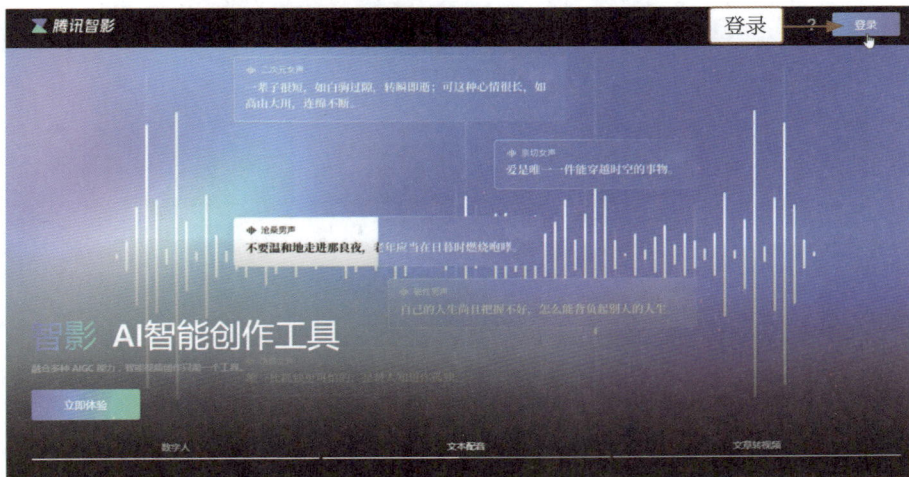

图 2-79　单击"登录"按钮

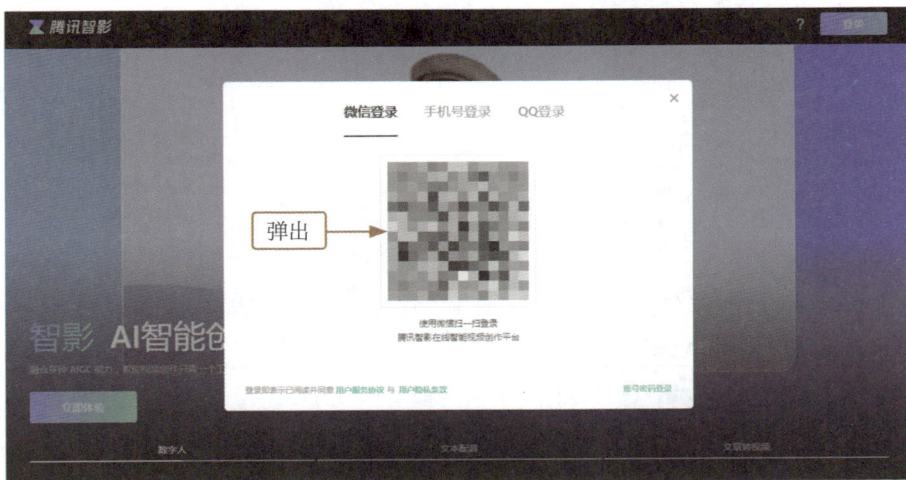

图 2-80　弹出登录对话框

03 登录完成后，即可进入腾讯智影的"创作空间"页面，单击"数字人播报"选项区中的"去创作"按钮，如图 2-81 所示。

04 进入数字人创作界面，在工具栏中单击"模板"按钮，展开"模板"面板，在"横版"选项卡中选择数字人模板，如图 2-82 所示。

图 2-81　单击"去创作"按钮

图 2-82　选择数字人模板

05　执行操作后，在弹出的对话框中可以预览该数字人模板的视频效果，单击"应用"按钮，如图 2-83
　　所示，即可成功应用该模板。

图 2-83　单击"应用"按钮

06 在"数字人播报"功能页面的右上角，单击"合成视频"按钮，如图 2-84 所示。

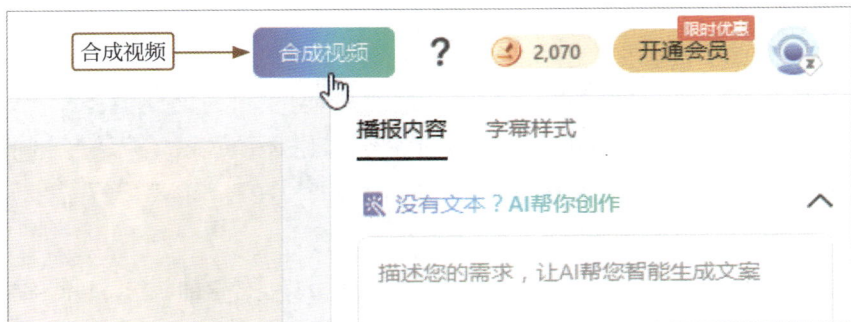

图 2-84　单击"合成视频"按钮

07 在弹出的"合成设置"对话框中，输入视频的名称，在"分辨率"列表框中选择"1080P 超清"选项，如图 2-85 所示，单击"确定"按钮。

08 弹出信息提示框，单击"确定"按钮即可，如图 2-86 所示。

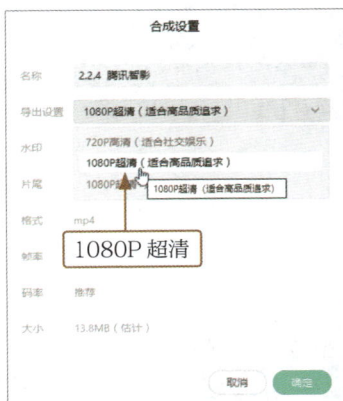

图 2-85　选择"1080P 超清"选项

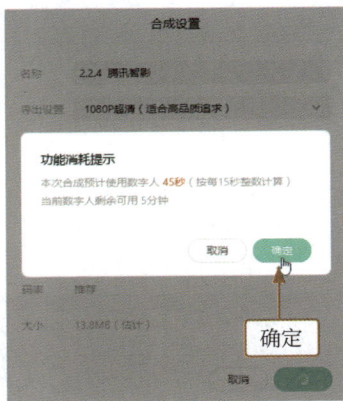

图 2-86　单击"确定"按钮

09 执行操作后，进入"我的资源"页面，单击下载按钮，如图 2-87 所示，即可保存数字人视频。

图 2-87　单击下载按钮

2.2.5　Kreado AI

　　Kreado AI 是一款基于人工智能技术打造的数字人生成工具，主要功能包括 AI 视频创作、数字人克隆和 AI 工具 (AI 文本配音、AI 生成营销文案、AI 智能抠图)。通过深度学习技术和大规模数据处理，Kreado AI 可以在短时间内高效生成各种数字人形象。

效果展示　　视频教学

　　【效果展示】： 通过 Kreado AI 生成的数字人形象具备较高的质量，其面部表情、肢体动作、语音语调等方面均与真实人物高度相似，如图 2-88 所示。

图 2-88　效果展示

　　下面介绍 Kreado AI 的登录步骤和基本操作方法。

01　进入 Kreado AI 官网，单击页面右上角的"登录 / 注册"按钮，如图 2-89 所示。

图 2-89　单击"登录 / 注册"按钮

02　进入 Kreado AI 的登录页面，单击"免费注册"按钮，如图 2-90 所示。

03 在输入框中输入用户的电子邮箱和密码，单击"创建账号"按钮，如图 2-91 所示，即可成功注册 Kreado AI 的账号。

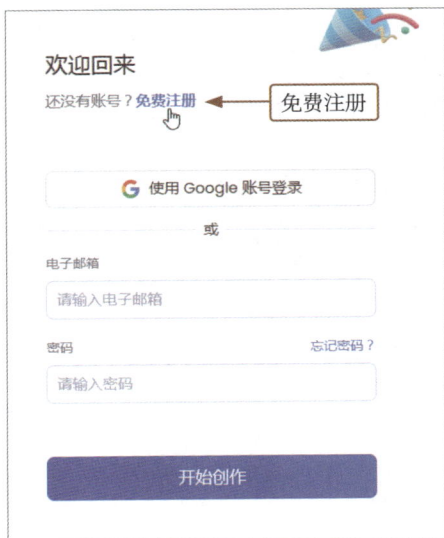

图 2-90　单击"免费注册"按钮

图 2-91　单击"创建账号"按钮

04 回到 Kreado AI 首页，单击"开始免费试用"按钮，如图 2-92 所示。

图 2-92　单击"开始免费试用"按钮

05 执行操作后，进入 Kreado AI 的"工作台"页面，单击"真人数字人口播"选项区中的"开始创作"按钮，如图 2-93 所示。

06 进入数字人的操作界面，在下方的"真人数字人"选项卡中，选择一个合适的数字人形象，在右侧的输入框中输入相应的文本内容，如图 2-94 所示。

图 2-93　单击"开始创作"按钮

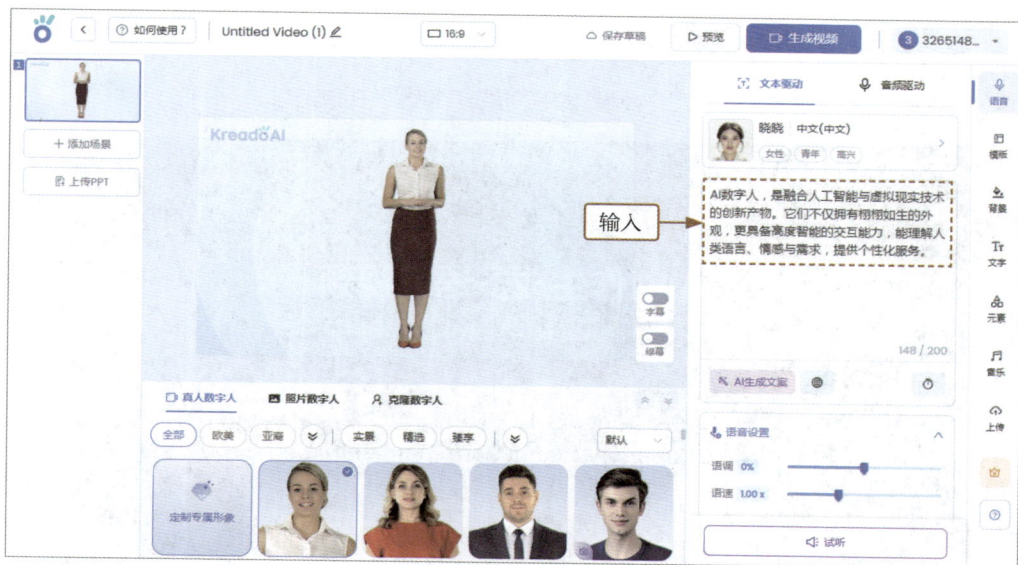

图 2-94　输入文本内容

07 在右侧的工具栏中，单击"背景"按钮，展开"背景"功能区，在其中选择一个合适的背景，如图 2-95 所示。

08 单击页面右上角的"生成视频"按钮，在弹出的面板中单击"开始生成视频"按钮，如图 2-96 所示。

09 执行操作后，即可开始生成视频效果，单击"查看生成进度"按钮，如图 2-97 所示。

图 2-95　选择合适的背景

图 2-96　单击"开始生成视频"按钮

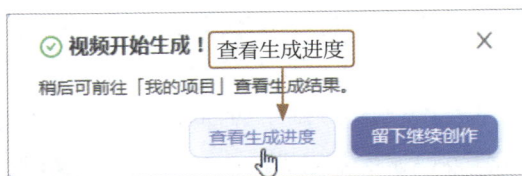

图 2-97　单击"查看生成进度"按钮

10　进入"我的项目"页面，待视频生成完成后，单击生成视频右下角的"下载高清视频"按钮 ，如图 2-98 所示，即可成功保存视频。

图 2-98　单击"下载高清视频"按钮

2.2.6 快影

【效果展示】：快影 App 是由快手推出的一款视频编辑工具，其特色在于能够为用户提供简单易用且功能强大的视频剪辑、制作和编辑体验。快影 App 能够快速制作品质精良的视频，效果如图 2-99 所示。

效果展示　视频教学

图 2-99　效果展示

下面介绍快影的登录步骤和基本操作方法。

01 打开快影 App，点击"我的"按钮，进入"我的"界面，勾选"登录即表示已阅读并同意《用户协议》和《隐私政策》"复选框，如图 2-100 所示。

02 用户可以使用微信账号或通过其他方式登录快影 App。以使用微信账号登录快影 App 为例，用户只需点击"使用微信登录"按钮即可，如图 2-101 所示。

03 执行操作后，如果"我的"界面中显示账号名称等信息，就说明账号登录成功了，如图 2-102 所示。

  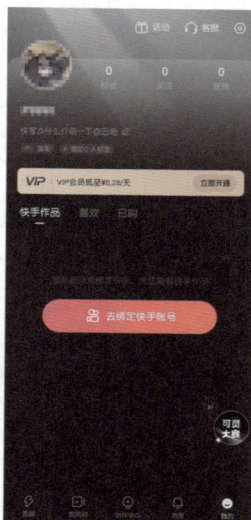

图 2-100　勾选相应的复选框　　　图 2-101　点击"使用微信登录"按钮　　　图 2-102　登录成功

04　切换至"剪辑"选项卡，点击"一键出片"按钮，如图 2-103 所示。

05　进入"相册"界面，切换至"视频"选项卡，如图 2-104 所示。

06　选择需要导入的视频素材，如图 2-105 所示，点击"一键出片"按钮。

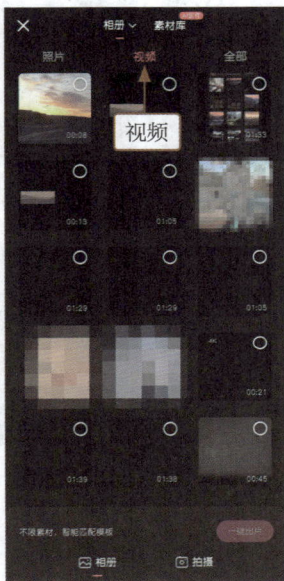

图 2-103　点击"一键出片"按钮　　　图 2-104　切换至"视频"选项卡　　　图 2-105　选择视频素材

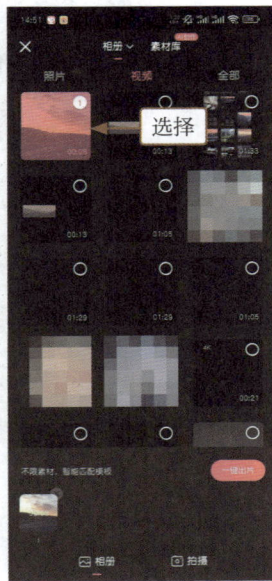

07　稍等片刻，进入操作界面，在"模板"|"大片"选项卡中，选择一个合适的模板，点击右上角的"做好了"按钮，如图 2-106 所示。

08　在弹出的"导出选项"面板中，点击"无水印导出并分享"按钮，如图 2-107 所示，将视频保存。

09　执行操作后，显示视频的渲染进度，等待加载完毕，即可完成视频的导出，如图 2-108 所示，

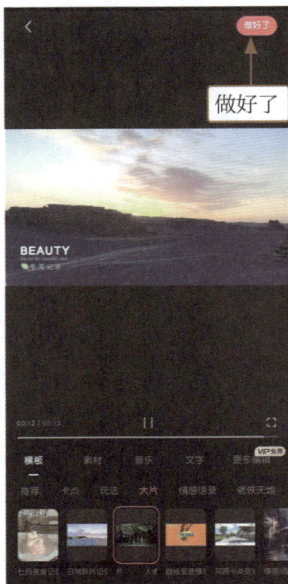

图 2-106　点击"做好了"按钮　　　图 2-107　点击"无水印导出并分享"按钮

图 2-108　视频导出完成

专家提醒

　　除了使用微信账号登录快影，还可通过手机号码、快手账号，以及 QQ 账号登录快影，用户可根据自身情况进行选择。

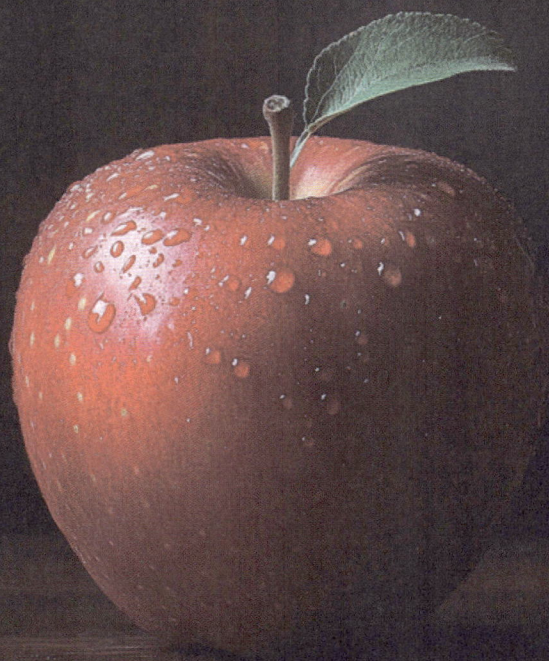

第 3 章
文生图

　　文生图技术通过解析文本的语义特征，并将其映射至视觉像素空间，从而达成从抽象概念到具象图像的自动化生成。本章将着重介绍文生图的相关知识，涵盖文生图技术的概念与原理、高级绘画技巧，同时会借助不同的 AI 工具展示相关案例的制作过程。在 AI 的辅助下，即便不具备绘画功底的用户，也能够将心中所想转化为现实，创作出令人赞叹的图像艺术作品。

3.1 文生图技术概念与原理

文生图，亦称以文生图，是一项前沿的人工智能技术。该技术具备将自然语言文本转化为对应图像的能力，为创意表达与设计自动化提供了有力支持。若要深入理解文生图的构建逻辑和应用场景，掌握其核心概念与运作原理是关键所在。

本节我们将逐一解析文生图的技术概念和技术原理，让用户对文生图技术更加了解。

3.1.1 文生图的技术概念

文生图的核心，是剖析语言背后的深层语义，并将其精准转化为可视化表达，达成"所想即所见"的理想境界。依托这项技术，用户只需输入一段文字描述，系统便能生成高度契合描述内容的逼真图像。

视频教学

【效果展示】：用户可输入一段描述性的文本，如"一个阳光明媚的下午，一只金毛寻回犬在海边追逐着浪花"，AI 工具便能自动分析这段文字中的语义信息，如场景、时间、动作、情感等，并据此生成一幅符合描述的图像，如图 3-1 所示。

图 3-1　AI 根据文本内容生成图像效果

3.1.2　文生图的技术原理

文生图技术融合了自然语言处理、图像识别、深度学习等领域的先进成果，旨在为用户提供一种全新的视觉表达方式，拓宽文化创意产业的应用领域。文生图技术的实现依赖于复杂的深度学习模型和大量的训练数据，以下是该技术原理的概述。

视频教学

（1）文本编码。系统利用自然语言处理模型（如 BERT、GPT 等）对输入的文本实施编码操作，将其转化为高维向量空间中的特定表示形式。这一过程旨在捕捉文本中蕴含的语义信息，包括词汇间的关联、句子的整体意义等。

（2）特征映射。系统需要建立文本特征与图像特征之间的映射关系，这通常通过训练一个生成模型来完成。该模型具备学习能力，可掌握将文本编码映射到图像像素或图像特征图生成空间的方法。

（3）图像生成。在特征映射的基础上，生成器根据文本编码生成对应的图像。这一过程可能涉及多个步骤，包括生成图像的初步轮廓、添加细节、调整色彩和光影等，最终系统输出一幅与文本描述高度匹配的图像。例如，使用 AI 工具生成一只仓鼠的图片，效果如图 3-2 所示。

图 3-2　AI 生成仓鼠图片效果

（4）反馈与优化。为了提高生成图像的质量和多样性，系统通常会引入用户反馈机制。用户可以对生成的图像进行评价或修改建议，系统则根据这些反馈不断优化模型参数，提升生成效果。

文生图技术通过深度学习和自然语言处理的结合，实现了从文本到图像的创造性转化。随着技术的不断进步和应用场景的拓展，文生图将在更多领域展现出独特的魅力和价值。

3.2　文生图的高级绘画技巧

　　文生图是在人工智能图像生成技术基础上发展起来的，具备广泛的场景适配性，能为用户带来丰富多元的视觉体验。本节将着重讲解文生图的高级绘画技巧，助力读者创作出更多出色的 AI 绘画作品。

3.2.1　用修饰词提升画面质量

　　【效果展示】：在文心一格中绘制图片时，可以使用修饰词提升 AI 工具的出图质量，而且修饰词还可以叠加使用，效果如图 3-3 所示。

视频教学

图 3-3　效果展示

　　下面介绍在文心一格中运用运修饰词提升画面质量的操作方法。

01　进入"图片生成"页面，在"AI 创作"页面中切换至"自定义"选项卡，输入提示词，选择"创艺"AI 画师，如图 3-4 所示。

02　设置"尺寸"为 3:2、"数量"为 1、"画面风格"为"产品摄影"，如图 3-5 所示。

图 3-4 选择"创艺"AI 画师

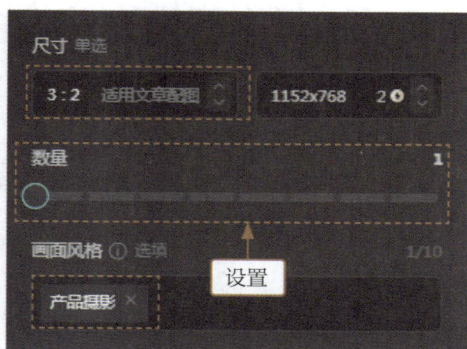

图 3-5 设置画面参数

03 单击"修饰词"下方的输入框,在弹出的面板中单击"写实"标签,如图 3-6 所示,即可将该修饰词添加到输入框中。

04 使用同样的操作方法,添加一个"摄影风格"修饰词,如图 3-7 所示。

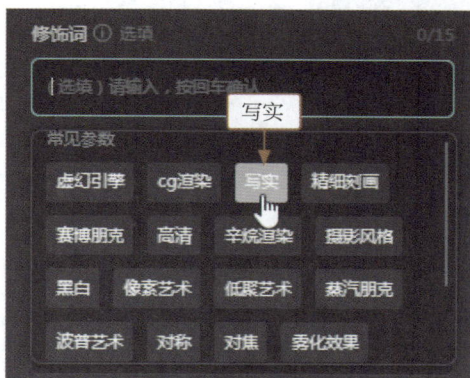

图 3-6 添加"写实"修饰词

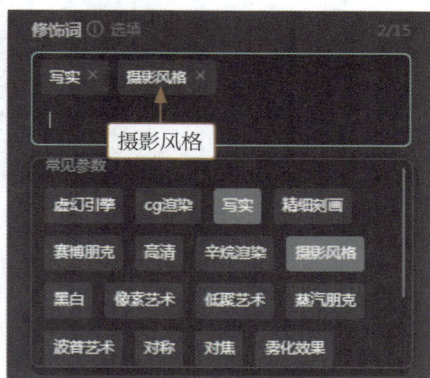

图 3-7 添加"摄影风格"修饰词

05 单击"立即生成"按钮,即可生成品质更高且具有摄影感的产品图片,效果如图 3-8 所示。

图 3-8 生成产品图片效果

3.2.2 选择生图模型并设置精细度

【效果展示】：生图模型作为 AI 作图领域中用于图像生成的预训练模型，凭借海量图像数据的深度学习训练，具备了精准理解并生成多元风格、多样主题图像的能力。用户在选用模型时，可依据期望生成的图像类型与风格进行抉择，以此获取最优的图像生成效果。以即梦 AI 为例，可通过选择不同的模型并设置精细度来优化出图品质，效果如图 3-9 所示。

视频教学

图 3-9 效果展示

下面介绍使用即梦 AI 来选择生图模型并设置精细度的操作方法。

01 在"AI 作图"选项区中，单击"图片生成"按钮，进入"图片生成"页面，在页面左上方的输入框中，输入 AI 绘画的提示词，如图 3-10 所示。

图 3-10 输入 AI 绘画的提示词

02 单击"模型"右侧的按钮▤，展开"模型"选项区，在"生图模型"列表框中选择"即梦 通用 v1.4"模型，如图 3-11 所示。这款模型能够处理摄影写实、绘画风格等多种类型的图像生成任务，无论是自然风格还是写实场景，即梦都能完美地生成相应的 AI 作品。

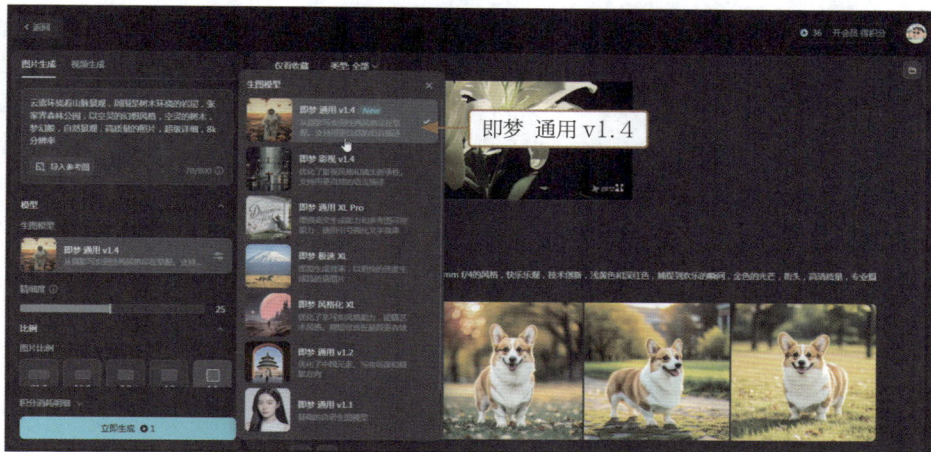

图 3-11　选择"即梦 通用 v1.4"模型

03 在"模型"选项区中，拖曳"精细度"下方的滑块，设置"精细度"为 50，如图 3-12 所示。更高的精细度数值能使生成的 AI 图片具有更多的细节和更逼真的效果，但也会增加 AI 处理图像所需的时间。

图 3-12　设置"精细度"参数

04 单击"立即生成"按钮，即可生成 4 幅 AI 图片，显示在右侧窗格中，如图 3-13 所示。从生成的 AI 图片可以看出，图像的质量较高，画面清晰有质感，单击 AI 图片即可放大预览图片效果。

图 3-13　生成 4 幅 AI 图片

3.2.3　利用指令参数设置图像比例

【效果展示】：画面尺寸的选取对画作视觉呈现效果起着决定性的作用。例如，16:9 的画面比例能够拓宽视野范围，实现更优质的画质表现；而 9:16 的比例，则更适合用于绘制人像全身照。以 Midjourney 为例，用户可通过输入特定指令参数，调整图像的比例，效果如图 3-14 所示。

视频教学

图 3-14　效果展示

下面介绍在 Midjourney 中利用指令参数设置图像比例的操作方法。

01 在 Midjourney 中通过 imagine 指令输入提示词，例如"A bicycle was photographed in the city background, in blue with bright colors and prominent curves, at the edge of the city"（意为：在城市背景中拍摄了一辆自行车，蓝色，颜色鲜艳，曲线醒目，城市边缘），如图 3-15 所示。

02 在原有提示词的基础上，添加指令参数 --ar 4:3，注意中间要加一个空格，如图 3-16 所示。

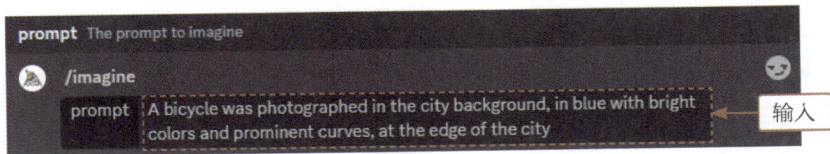

图 3-15　输入提示词

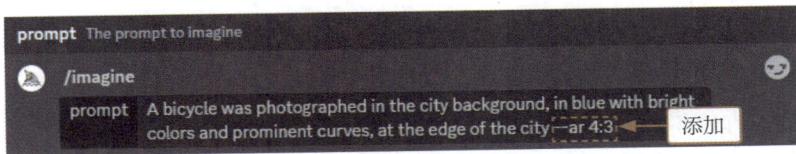

图 3-16　添加指令参数

03 按【Enter】键确认，即可生成 4:3 比例的图片效果，如图 3-17 所示，单击相应的 U 按钮，即可放大预览生成的图片。

图 3-17　生成 4:3 比例的图片效果

3.2.4　设置采样方法提升出图效果

在 Stable Diffusion 模型的应用中，通过合理设置参数，能够使图像生成结果更契合预期目标。其中，设置采样方法便是提升出图效果的有效途径。所谓采样，本质上是执行去噪的过程。Stable Diffusion 所提供的不同采样方法，如同风格各异的画家，每种方法对图片的去噪方式存在差异，进而生成风格截然不同的图像。下面对一些常见采样器的特点进行简要总结。

视频教学

❶ 速度快：Euler 系列、LMS 系列、DPM++ 2M、DPM fast、DPM++ 2M Karras、DDIM 系列。

❷ 质量高：Heun、PLMS、DPM++ 系列。

❸ tag（标签）利用率高：DPM2 系列、Euler 系列。

❹ 动画风：LMS 系列、UniPC。

❺ 写实风：DPM2 系列、Euler 系列、DPM++ 系列。

【效果展示】：在 Stable Diffusion 中，推荐使用 DPM++ 2M Karras 采样方法，它属于 DPM（Denoising Diffusion Probabilistic Models，去噪扩散概率模型）算法的优化版本，生成图片的速度快，质量也很好，效果如图 3-18 所示。

图 3-18　效果展示

下面介绍在 Stable Diffusion 中设置采样方法提升出图效果的操作方法。

01 进入"文生图"页面，选择一个写实类的大模型，输入提示词，指定生成图像的画面内容，如图 3-19 所示。

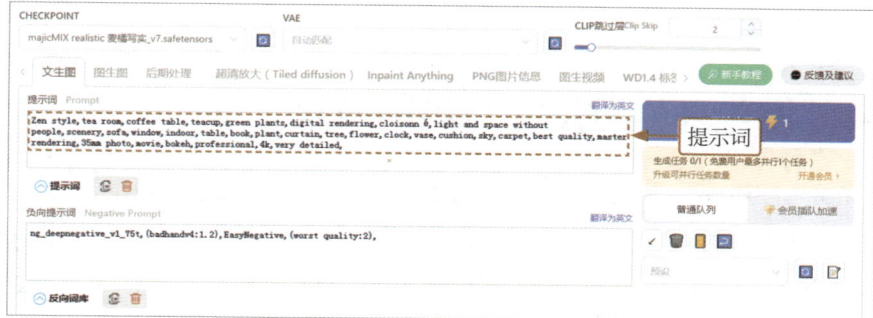

图 3-19　输入提示词

02 在页面下方的"采样方法"选项区中，设置 DPM++ 2M Karras 采样方法，图片数量为 2，如图 3-20 所示，单击"开始生图"按钮，即可通过 DPM++ 2M Karras 的采样方法生成两张更加真实、自然的图片效果。

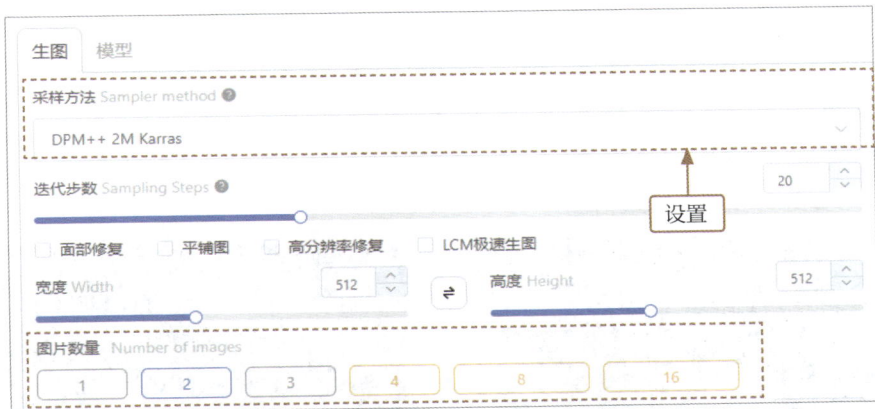

图 3-20　设置采样方法和图片数量

3.3　文生图案例

案例一：文心一格，生成优美风景插画

视频教学

【效果展示】：优美的风景插画作为一种艺术表现形式，其核心主题聚焦于自然、和谐与深远意境。创作者通过画笔这一媒介，将自然界的瑰丽与神秘进行艺术化呈现。在运用 AI 工具绘制这类作品时，往往以自然元素为创作根基，运用色彩渲染、线条勾勒、光影调配等技法，细腻且逼真地绘制自然景色的动人风貌。本例介绍使用文心一格生成优美风景画的方法，效果如图 3-21 所示。

图 3-21　效果展示

下面介绍使用文心一格生成风景插画的操作方法。

01 进入文心一格的"AI 创作"页面，切换至"自定义"选项卡，输入提示词，选择"创艺"AI 画师，如图 3-22 所示。

02 设置"尺寸"为 16:9、"数量"为 1、"画面风格"为"CG 原画"，让画面拥有高分辨率、高精度的真实感，如图 3-23 所示。

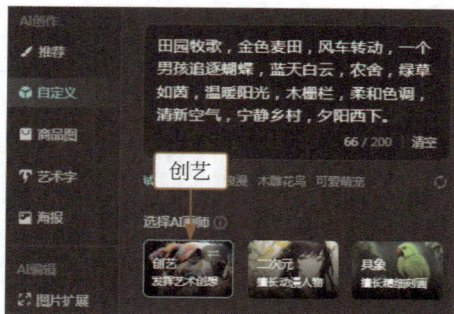

图 3-22　选择"创艺"AI 画师

图 3-23　设置画面参数

03 单击"立即生成"按钮，生成图像效果，如图 3-24 所示。可以看到，无论是光影的呈现、材质的模拟，还是画面的分辨率和精度，"CG 原画"这种风格都能创造极佳的效果，画面极其细腻、逼真。

图 3-24　生成的图像效果

案例二：即梦 AI，生成香水广告图片

【效果展示】： 在当今竞争激烈的商业市场中，产品的包装设计不仅是为了保护商品的外壳，更是传递品牌价值、吸引消费者目光的重要媒介。使用即

视频教学

梦可以创造出引人注目且具有品牌特色的香水包装，效果如图 3-25 所示。

图 3-25　效果展示

下面介绍使用即梦生成香水广告图片的操作方法。

01　在"AI 作图"选项区中，单击"图片生成"按钮，进入"图片生成"页面，在页面左上方的输入框中，
输入 AI 绘画的提示词，如图 3-26 所示。

02　设置"生图模型"为"即梦 通用 v1.4"、精细度为 50、"图片比例"为 2:3，如图 3-27 所示。

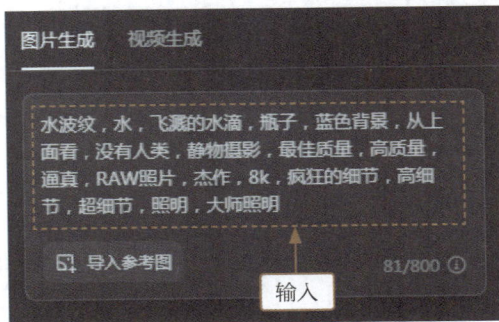

图 3-26　输入提示词

图 3-27　设置参数

03　单击"立即生成"按钮，即可生成 4 幅 AI 图片，显示在右侧窗格中，如图 3-28 所示。

图 3-28　生成 4 幅 AI 图片

04 选择合适的图像，单击下方的"超清图"按钮 HD，即可生成清晰度更高的图像，如图 3-29 所示。使用相同的操作方法，对其他图像进行处理。

图 3-29　单击"超清图"按钮

案例三：MJ，生成雪山风光图片

【**效果展示**】：通过 Midjourney 生成图像时，需先描述画面主体，例如当用户要生成一张雪山风光图片时，要先将画面的主体内容讲清楚，通过文字描述的形式，将文字转化为图像并展示出来，这便是以文生图，效果如图3-30所示。

视频教学

图 3-30　效果展示

下面介绍使用 Midjourney 生成雪山风光图片的操作方法。

01 在 Midjourney 中，通过 imagine 指令输入提示词，如图 3-31 所示。

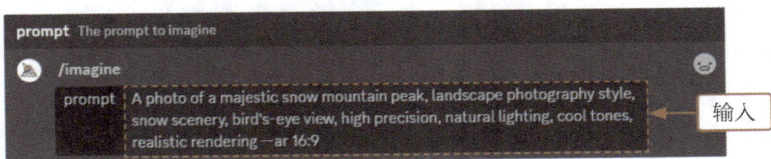

图 3-31　输入提示词

02 按【Enter】键确认，Midjourney 将生成 4 张图片，如图 3-32 所示。

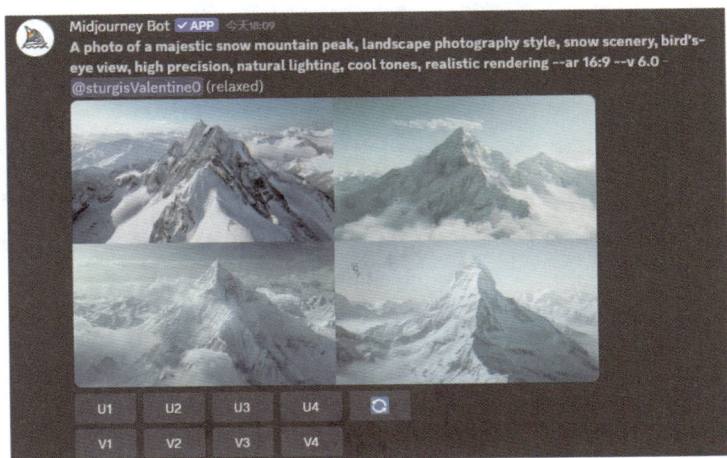

图 3-32　生成 4 张图片

03 再次输入提示词，如图 3-33 所示，主要是在上一例的基础上添加更多的描述提示词，例如"the style of photo-realistic landscapes, a view of the mountains and river, warm light"（意为：写实主义风景的风格，山川河流的景色，温暖的光线）。

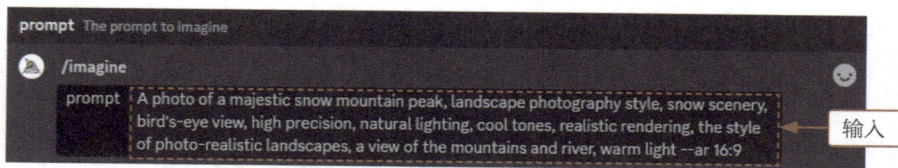

图 3-33　再次输入提示词

04 按【Enter】键确认，Midjourney 将继续生成 4 张对应的图片，可以提升画面的真实感，效果如图 3-34 所示。

图 3-34　继续生成的图片效果

05 单击 U2 按钮，即可放大第 2 张图片，如图 3-35 所示。

图 3-35　单击 U2 按钮

案例四：SD，生成人像摄影照片

　　【**效果展示**】：在摄影领域，人像拍摄是极为重要的题材，在各类摄影作品中占据着相当大的比例。因此，掌握借助 AI 技术生成人像摄影照片的方法，已成为众多初学者迫切希望学习的技能。本节以 Stable Diffusion 为例，介绍生成人像摄影照片的方法，展现人物肖像的自然和谐之美，效果如图 3-36 所示。

视频教学

图 3-36 效果展示

下面介绍使用 Stable Diffusion 生成人像摄影照片的操作方法。

01 进入"文生图"页面,选择一个写实类的大模型,输入提示词,指定生成图像的画面内容,如图 3-37 所示。

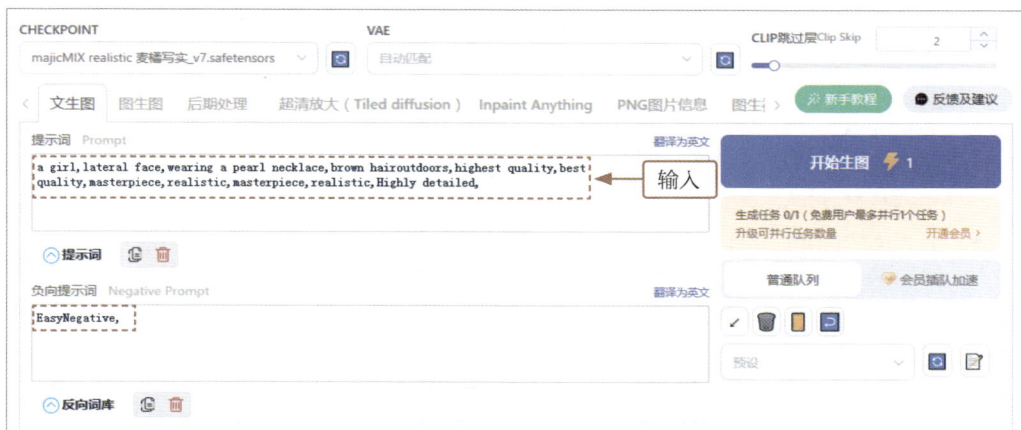

图 3-37 输入提示词

02 在页面下方,设置"采样方法"为 DPM++ 2M Karras、"图片数量"为 2,如图 3-38 所示。

03 单击"开始生图"按钮,即可同时生成 2 张图片,且图片之间的差异性较大,效果如图 3-39 所示。

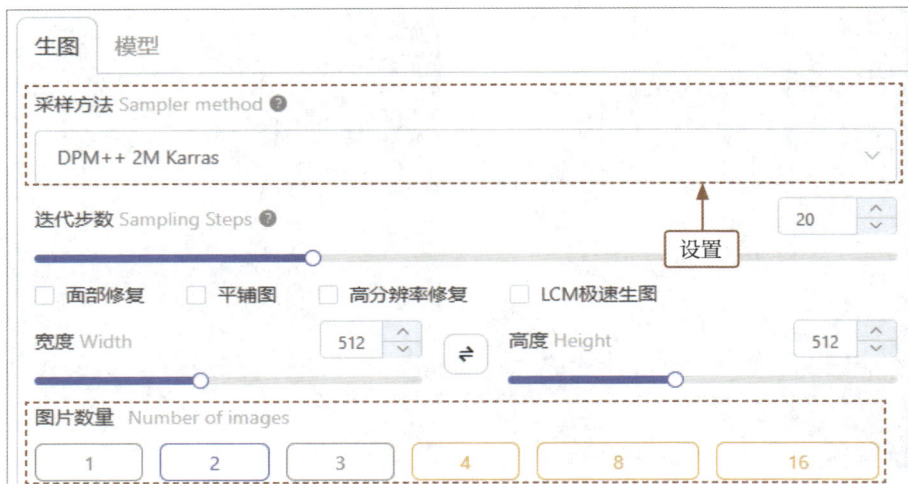

图 3-38　设置参数

图 3-39　生成 2 张图片效果

专家提醒

在 Stable Diffusion 中，默认的出图效果具有随机性，这种特性也被形象地称为"抽卡"。这意味着使用者需要持续生成新图片，并从众多生成结果中抽出一张效果最好的图片。

第 4 章
图生图

　　图生图是基于深度学习技术发展而来的图像生成方式，它能够将一张图片转化为与之关联的全新图像。本章将详细阐释图生图技术的概念与原理，并结合不同的 AI 软件，通过绘画技巧讲解与实操案例展示，助力读者快速掌握图生图的相关知识。

4.1 图生图技术概念与原理

图生图技术，也被称为图像到图像的转换技术，是计算机视觉与图像处理领域的重要分支。它借助 AI 功能，依据输入的图像，自动生成具备特定属性或风格的全新图像。

这一技术并非简单的图像编辑或滤镜处理，而是依托深度学习算法与复杂数学模型，实现图像内容的创造性重构、风格迁移、超分辨率重建、图像修复等高级功能。本节将深入剖析图生图技术的概念与原理。

4.1.1 图生图的技术概念

图生图技术，即图像到图像的生成技术，是人工智能领域的重要应用。该技术借助深度学习模型，尤其是生成式对抗网络等前沿算法，将输入图片经模型处理与转换，生成具有特定风格或内容的新图像。

视频教学

在实际应用中，图生图技术的覆盖领域十分广泛，涉及艺术创作、影视特效、广告设计、医疗影像分析、遥感图像处理、游戏开发，以及自动驾驶的视觉感知等多个方面。随着人工智能技术的迅猛发展，图生图技术持续迭代升级，能够生成更加逼真、多元的图像，如图 4-1 所示，为图像内容的创作与处理开辟了新路径。

图 4-1 图生图效果

4.1.2　图生图的技术原理

图生图技术依托深度学习与复杂数学模型，实现图像内容的创造性生成与转换。其核心原理扎根于深度学习领域，尤其是卷积神经网络、生成对抗网络等模型的应用。本节将对图生图技术的原理进行详细阐述。

视频教学

（1）卷积神经网络。卷积神经网络是处理图像数据的有效工具，通过多层卷积层、池化层和全连接层，能够自动提取图像中的特征信息。在图生图任务中，卷积神经网络常被用于提取输入图像的关键特征，为后续的图像生成提供基础信息。

（2）生成对抗网络。生成对抗网络由生成器和判别器两部分组成，两者通过相互对抗的方式不断优化。生成器负责根据随机噪声或特定输入生成图像；而判别器则尝试区分生成的图像与真实图像。随着训练的深入，生成器逐渐学会生成越来越逼真的图像，以致判别器难以区分真伪，从而实现了图像生成的目标。

（3）风格迁移。风格迁移是图生图技术中的一种典型应用，它利用卷积神经网络技术提取输入图像的内容信息和另一幅图像的风格信息，然后将两者融合生成具有新风格的图像。这一过程通常通过预训练的卷积神经网络模型实现特征提取，并借助优化算法调整生成图像的内容与风格之间的平衡。例如，可以将名画的风格迁移到普通照片上，使其具有艺术效果，如图 4-2 所示。

图 4-2　添加风格前后的图像效果对比

（4）图像修复。图像修复技术用于填补图像中的缺失或损坏部分。基于深度学习的方法，该技术能够学习周围像素的分布和纹理信息，智能地生成与原图融为一体的修复内容，实现图像的无损或近似无损修复。

（5）图像融合。图像融合技术可以将两张或多张图像的特点融合在一起，生成具有混合特征的新图像。例如，可以将个体（花瓣）和场景（火花）的图像融合，生成一张加入场景元素的图像，效果如图 4-3 所示。

图 4-3　融合场景后的图像效果

4.2　图生图的高级绘画技巧

在数字艺术蓬勃发展的当下，图生图技术已成为艺术家创作的得力助手。无论是绘画新手，还是经验丰富的艺术从业者，都能借助这项技术创作出优质的作品。本节将系统解析图生图的高级绘画技巧，帮助用户快速掌握这一前沿绘画技术，提升 AI 绘画能力。

4.2.1　基于参考图生成图像

【效果对比】：基于参考图生成图像的功能，允许用户上传任意一张图片，随后通过文字详细描述希望对图片进行修改或调整的具体内容，进而生成与之类似但经过个性化修改的图像效果。在文心一格中，可借助"上传参考图"功能实现这一创意过程，如图 4-4 所示。

视频教学

下面介绍使用文心一格，基于参考图生成图像的操作方法。

图 4-4　原图与效果对比

01 在"AI 创作"页面中，切换至"自定义"选项卡，输入提示词，选择"创艺"AI 画师，并设置画面尺寸和出图数量，单击"立即生成"按钮，生成相应的图像效果，画面具有很强的微距摄影感，如图 4-5 所示。

图 4-5　生成的图像效果

02 单击"上传参考图"下方的 ⊕ 按钮，弹出"打开"对话框，选择参考图，单击"打开"按钮，如图 4-6 所示。

图 4-6　单击"打开"按钮

03 执行操作后，即可成功上传参考图，单击"立即生成"按钮，生成相应的图像效果，如图 4-7 所示。如果画面与参考图的相似度不高，而是更倾向于提示词的描述，可能是因为参考图的"影响比重"太低，无法很好地引导 AI。

图 4-7　上传参考图生成相应的图像效果

04 设置"影响比重"为 5，单击"立即生成"按钮，生成相应的图像效果，这时的画面就比较接近参考图了，如图 4-8 所示。

图 4-8　设置"影响比重"参数后生成的图像效果

05 设置"影响比重"为 10，单击"立即生成"按钮，生成相应的图像效果，可以看到画面与参考图几乎如出一辙，如图 4-9 所示。

图 4-9　设置"影响比重"参数后生成的图像效果

☀
专家提醒

通过对比可以看到，"影响比重"参数的数值越大，参考图对 AI 的影响就越大。因此，用户可以根据实际需要来调整"影响比重"参数。

4.2.2　参考景深关系生成图像

【效果对比】：景深是摄影领域的重要概念，指的是被摄物体前后的清晰范围。通过合理控制景深，能够营造出深度感，赋予图像逼真的三维空间效果。借助即梦 AI 的图生图功能，用户可以基于图像中的景深关系，生成全新的图像作品，原图与效果对比如图 4-10 所示。

视频教学

图 4-10　原图与效果对比

下面介绍在即梦 AI 中参考景深关系以图生图的操作方法。

01 进入"图片生成"页面，单击"导入参考图"按钮，弹出"打开"对话框，选择参考图，单击"打开"按钮，如图 4-11 所示。

02 执行操作后，弹出"参考图"对话框，设置"生图比例"为 4:3，选中"景深"单选按钮，单击"保存"按钮，如图 4-12 所示，即可上传参考图，系统会自动识别图像中的深度信息，并生成相应的景深图。

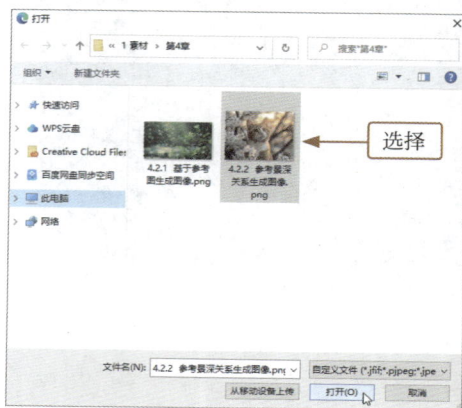

图 4-11　选择参考图

图 4-12　上传参考图

专家提醒

即梦中的景深图，其实是一种深度图，它是控制图像结构和光影效果的工具，不仅可以用来复原画面构图，还能结合提示词实现更加精细的图像表现。

03 设置"图片比例"为 4:3，并输入提示词，单击"立即生成"按钮，AI 会根据参考图中的景深关系生成相应的图像，同时将场景中的樱花变成桃花，效果如图 4-13 所示。

图 4-13　生成的图像效果

专家提醒

　　在即梦 AI 平台中，虽然没有直接的选项设置来控制景深，但可以通过一些提示词来指导 AI 生成具有特定景深效果的图像，如"聚焦主体""中心聚焦""背景模糊""柔和背景""前景虚化""模糊前景""小清晰范围""大清晰范围""大光圈效果""小光圈效果""增加深度感""强烈的深度效果""清晰的前后层次""细节清晰"等。

4.2.3　应用混音模式以图生图

　　【效果对比】：采用混音模式开展图生图操作时，用户可以对提示词、参数、模型版本或变体之间的横纵比进行更改。这种灵活的调整方式，极大地增强了 AI 绘画的灵活性与多样性，如图 4-14 所示。

视频教学

图 4-14　原图与效果对比

　　下面介绍在 Midjourney 中应用混音模式进行以图生图的操作方法。

01　在输入框内输入 /，在弹出的列表框中选择 settings（设置）指令，如图 4-15 所示。

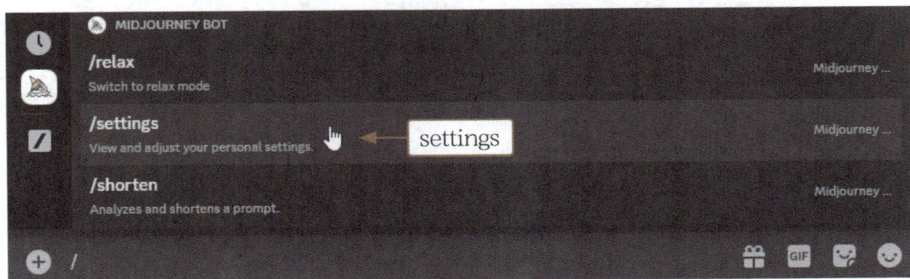

图 4-15　选择 settings 指令

02　按【Enter】键确认，即可调出 Midjourney 的设置面板，为了帮助大家更好地理解设置面板，下面暂时将其中的内容翻译成中文，如图 4-16 所示。直接翻译的英文不是很准确，具体用法需要用户多练习才能掌握。

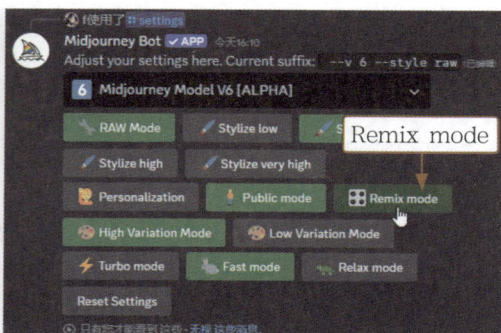

03 单击 Remix mode 按钮，如图 4-17 所示，即可成功开启混音模式（按钮显示为绿色）。

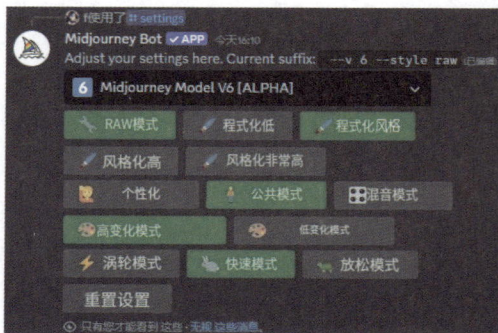

图 4-16　设置面板的中文翻译　　　　　　　图 4-17　单击 Remix mode 按钮

04 通过 imagine 指令输入提示词 "A blue vase, placed on a wooden table, decorated with patterns that are distinct in hierarchy, three-dimensional, full of luster, colorful, and layered, perfectly blending tradition and modernity"（意为：一个蓝色的花瓶，放在木桌上，花瓶上装饰着图案，层次分明，立体感强，充满光泽，色彩缤纷，层次分明，传统与现代的完美融合），添加指令参数 --ar 4:3，生成的图片效果如图 4-18 所示。

05 选择其中一张图片进行重新生成，如这里选择第 2 张，单击 V2 按钮，弹出 Remix Prompt(混音提示) 对话框，如图 4-19 所示。

图 4-18　生成的图片效果　　　　　　　图 4-19　弹出 Remix Prompt 对话框

06 适当修改其中的某个提示词，如将 blue(蓝色) 改为 red(红色)，如图 4-20 所示。

07 单击 "提交" 按钮，即可将花瓶的颜色从蓝色变成红色，效果如图 4-21 所示，选择其中一张图片，单击对应的 U 按钮进行放大即可。

图 4-20　修改提示词

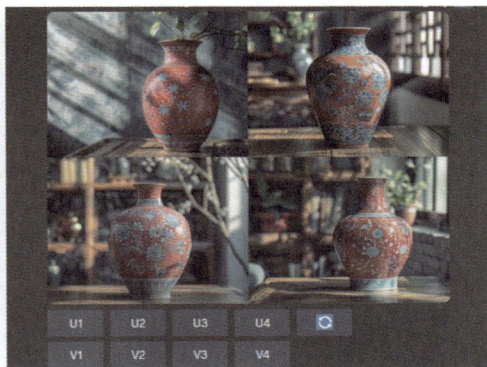

图 4-21　重新生成的图片效果

4.2.4　转换图像风格生成新图

【效果对比】：转换图像风格生成新图的功能，是指用户输入一张原始图片，借助添加文本描述来明确修改需求，进而输出经过风格调整后的全新图片。例如，使用 Stable Diffusion 的图生图功能，可以将真人照片转换为动漫插画风格，原图和效果对比如图 4-22 所示。

视频教学

图 4-22　原图和效果对比

下面介绍使用 Stable Diffusion 的图生图功能，转换图像风格的操作方法。

01 进入"图生图"页面，在"生成"|"图生图"选项卡中上传一张原图，作为 AI 图生图的参考图像，如图 4-23 所示。

02 设置"迭代步数"为 30、"采样方法"为 DPM++ 2M Karras、"重绘幅度"为 0.50，让图像细节更加丰富，让新图更接近于原图，如图 4-24 所示。单击"获取图片宽高"按钮，将重绘尺寸设置为与原图分辨率一致。

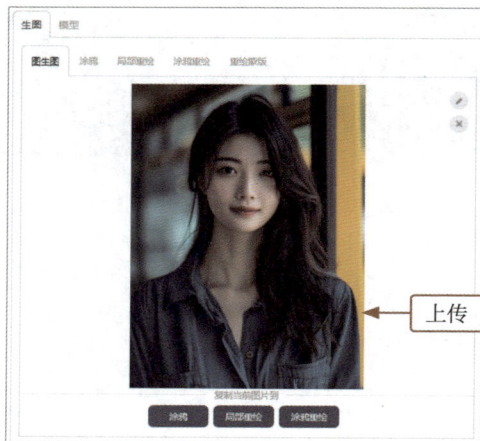

图 4-23　上传一张原图

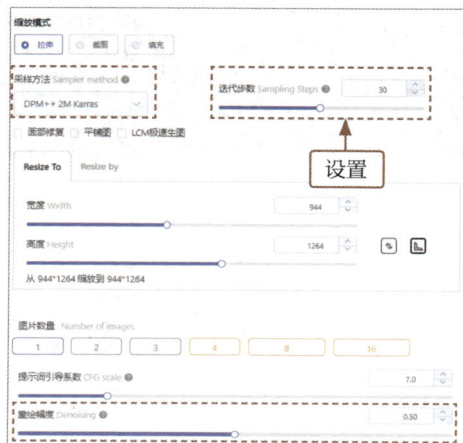

图 4-24　设置图像参数

03 选择一个动漫插画风格的模型，输入提示词，重点写好反向提示词，避免产生低画质效果，单击"开始生图"按钮，如图 4-25 所示，即可将真人照片转换为二次元风格。

图 4-25　单击"开始生图"按钮

专家提醒

Stable Diffusion 的图生图功能会基于输入的原始图像生成全新图像，并保留原始图像的样式和构图。用户可以通过添加文本提示词，指导图像的生成方向。

4.3 图生图案例

案例一：文心一格，生成风光摄影效果

【**效果展示**】：在文心一格中，"具象"AI 画师擅长精细刻画各种元素，注重对客观物象的还原和再现，通过细腻的笔触和丰富的色彩，将现实世界中的事物和人物形象栩栩如生地呈现在画布上，我们可以使用该功能生成风光摄影照片，效果如图 4-26 所示。

视频教学

图 4-26　效果展示

下面介绍使用文心一格生成风光摄影照片的具体操作方法。

01 在"AI 创作"页面中切换至"自定义"选项卡，输入提示词，选择"创艺"AI 画师，并设置相应的画面尺寸和出图数量，单击"立即生成"按钮，生成相应的图像效果，如图 4-27 所示。可以看到，画面的写实感很强，但细节表现不足。

立即生成

图 4-27　"创艺"AI 画师生成的图像效果

02 选择"具象"AI 画师，其他参数保持不变，单击"立即生成"按钮，生成相应的图像效果，如图 4-28 所示。

图 4-28 "具象"AI 画师生成的图像效果

专家提醒

通过对比可以看到，由于在提示词中加入了一些辅助词对 AI 进行引导，因此"创艺"AI 画师也能够生成不错的写实效果；而"具象"AI 画师在描绘物象方面具有更高的逼真度，能够让用户感受到真实世界的景象。

---

03 由"具象"AI 画师生成的图片背景比较单调，因此可在提示词中加入一些画面背景的描述，然后单击"立即生成"按钮，再次生成一张图像效果，如图 4-29 所示。

图 4-29 添加背景后的图像效果

案例二: 即梦AI, 生成人像摄影效果

【效果对比】: 在即梦 AI 的"参考图"功能中, AI 会先识别参考图片中的关键对象, 如人物、动物、物体等视觉焦点, 接着分析参考图片的风格及视觉特征。在生成新图片的过程中, AI 会力求让参考图片的主体内容保持不变, 同时对背景或其他元素进行创新, 原图与效果对比如图 4-30 所示。

视频教学

图 4-30 原图与效果对比

下面介绍使用即梦 AI 生成人像摄影照片的操作方法。

01 进入"图片生成"页面, 单击"导入参考图"按钮, 如图 4-31 所示。

02 执行操作后, 弹出"打开"对话框, 选择参考图, 如图 4-32 所示。

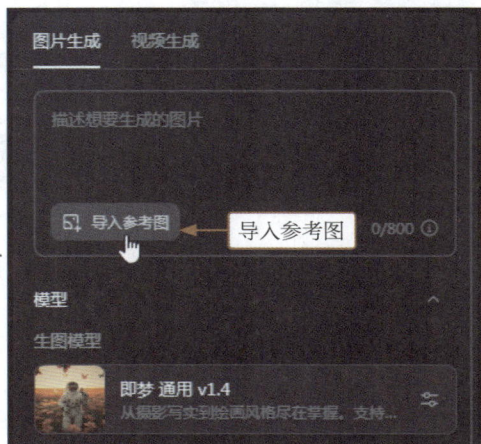

图 4-31 单击"导入参考图"按钮

图 4-32 选择参考图

03 单击"打开"按钮，弹出"参考图"对话框，如图 4-33 所示。

04 选中"主体"单选按钮，如图 4-34 所示，此时 AI 会自动识别参考图中的人物主体，并高亮显示。

图 4-33　弹出"参考图"对话框

图 4-34　选中"主体"单选按钮

05 单击"保存"按钮，返回"图片生成"页面，输入框中显示了已上传的参考图，输入相应的内容描述，指导 AI 生成理想的图片效果，单击"立即生成"按钮，即可生成 4 幅 AI 图片，如图 4-35 所示。

图 4-35　生成 4 幅 AI 图片

专家提醒

通过生成的图片可以看出，AI 从参考图片中提取了人物主体，并应用到新图片的生成过程中，创建出了在视觉上与人物主体相协调的背景图像。

案例三：MJ，生成珠宝首饰包装效果

　　【效果展示】：珠宝首饰包装是专门为珠宝和配饰商品设计和制作的包装，旨在提供多种功能，以增强产品的吸引力、保护珠宝和配饰、传达品牌信息，以及提供购物体验。我们可以通过 Midjourney 的图生图功能来生成首饰包装设计图，效果如图 4-36 所示。

视频教学

图 4-36　效果展示

　　下面介绍使用 Midjourney 生成珠宝首饰包装效果的操作方法。

01 在 Midjourney 中，通过 imagine 指令输入主体描述提示词，按【Enter】键确认，生成图片效果，如图 4-37 所示。

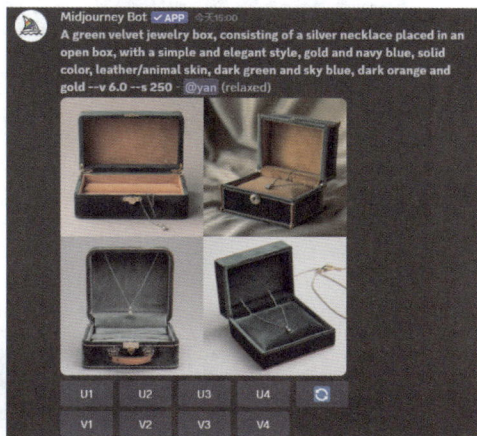

图 4-37　输入提示词生成的图片效果

02 单击重做按钮 🔄，弹出 Create images with Midjourney(使用 Midjourney 创建图像) 对话框，在提示词末尾添加 "Exquisite outdoor background"（精致的室外背景），并设置图像的尺寸，通过增加提示词为画面添加场景，如图 4-38 所示。

03 单击"提交"按钮，即可根据提示词生成包装效果，如图 4-39 所示。

图 4-38　添加提示词

图 4-39　生成包装效果

04 选择两张合适的图片进行放大，如这里选择第 1 张和第 2 张，分别单击 U1 和 U2 按钮，即可放大两张图片，效果如图 4-40 所示。

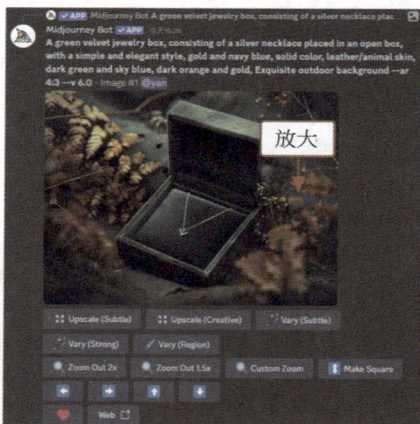

图 4-40　放大两张图片效果

案例四：SD，制作人物换脸效果

【效果对比】：局部重绘是 Stable Diffusion 图生图功能的重要组成部分，它可以应用到许多场景中，用户可对图像的某个区域进行局部增强或改变，以实现更加细致和精确的图像处理。例如，用户可以只修改图像中的人物脸部特征，从而实现人脸交换或面部修改等操作，原图与效果对比如图 4-41 所示。

视频教学

图 4-41　原图与效果对比

下面介绍在 Stable Diffusion 中通过局部重绘功能给人物换脸的操作方法。

01 进入"图生图"页面，切换至"生成"|"局部重绘"选项卡，上传一张原图，如图 4-42 所示。

02 单击右上角的 ✏ 按钮，拖曳滑块，适当调大笔刷，如图 4-43 所示。

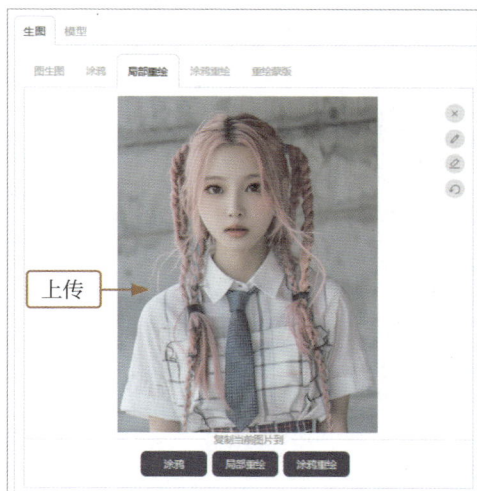

图 4-42　上传一张原图

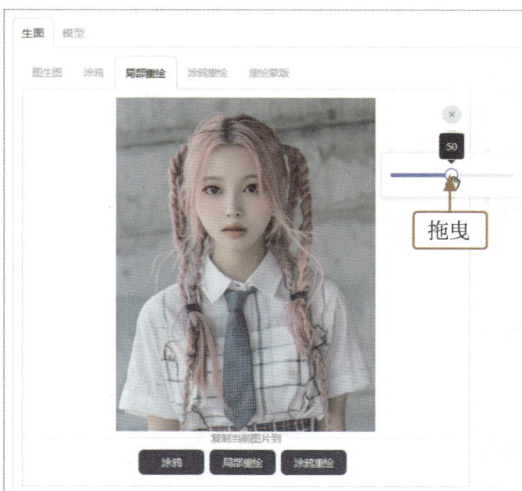

图 4-43　拖曳滑块

03 涂抹人物的脸部，创建蒙版区域，如图 4-44 所示。

04 在页面下方，单击"获取图片宽高"按钮 🔳 自动设置重绘尺寸，并设置"采样方法"为 DPM++ 2M Karras，如图 4-45 所示，用于创建类似真人的脸部效果。

图 4-44　创建蒙版区域

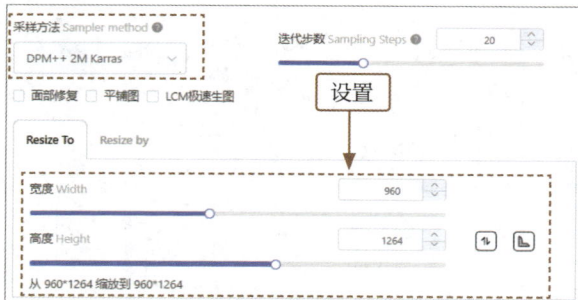

图 4-45　设置参数

05　选择一个写实类的模型，输入提示词，控制将要绘制的图像内容，如图 4-46 所示。单击"开始生图"
　　按钮，即可生成相应的新图。

图 4-46　输入提示词

第 5 章
文生视频

　　在 AI 时代，艺术创作与技术的深度融合催生出众多创新形式。本章将聚焦一种新兴的 AI 艺术创新形式——文生视频，它突破传统视频制作边界，借助 AI 视频制作软件创作出精美的视频内容，将文字描述转化为精彩绝伦的视觉盛宴。

5.1　文生视频技术概念与原理

文生视频技术作为前沿的多媒体处理与生成技术，旨在利用先进的计算机视觉、人工智能算法及深度学习技术，实现视频内容的自动化生成、编辑与增强。本节将介绍文生视频的技术概念与原理，助力大家快速理解这项技术。

5.1.1　文生视频的技术概念

文生视频是一种新型的视频处理技术，它借助人工智能技术对现有视频内容进行深度学习、分析和理解，进而实现视频的生成、编辑、优化和个性化推荐。该技术融合了图像处理、自然语言处理、机器学习等多领域的成果，能够模拟甚至超越传统视频制作中的人类创造力与精细度。

视频教学

文生视频技术还具备强大的内容定制能力，可满足不同行业、场景下的个性化需求，如广告制作、影视预告、新闻报道、在线教育等，如图 5-1 所示。

图 5-1　影视预告视频效果

文生视频的核心在于"智能生成"，它不仅能够根据预设的脚本或主题自动生成视频内容，还能够根据用户输入的文字描述自动补全视频场景、角色动作、音效及配乐等，极大地提高了视频制作的效率与灵活性。文生视频的相关技术如下。

(1) 人工智能驱动。文生视频技术以人工智能为核心，通过深度学习算法实现对视频内容的智能分析与处理。

(2) 视频理解。文生视频技术能够理解视频中的场景、人物、行为、情感等多维度信息，为视频创作和编辑提供有力支持。

(3) 个性化推荐。根据用户兴趣和需求，文生视频技术可以实现视频内容的个性化推荐，提高用户观看体验。

(4) 高效编辑。文生视频技术可快速生成和编辑视频，降低视频制作成本，提高生产效率。

(5) 跨场景应用。文生视频技术可应用于多种场景，如短视频、直播、影视制作等，具有广泛的市场前景。

5.1.2 文生视频的技术原理

文生视频技术是一种通过文本描述自动生成视频内容的前沿技术，其技术原理复杂而精妙，而该技术的核心在于构建强大的深度学习模型。这些模型通常包括以下几种关键组件，如图 5-2 所示。

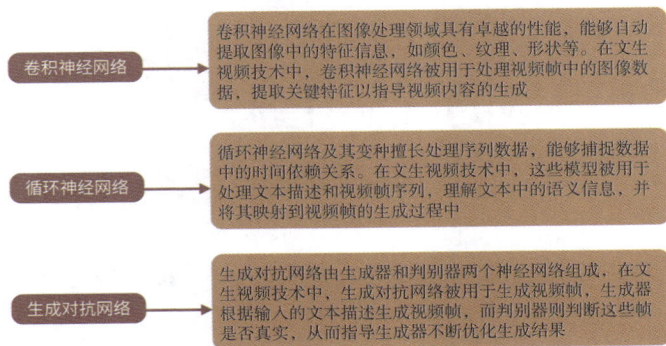

视频教学

卷积神经网络 —— 卷积神经网络在图像处理领域具有卓越的性能，能够自动提取图像中的特征信息，如颜色、纹理、形状等。在文生视频技术中，卷积神经网络被用于处理视频帧中的图像数据，提取关键特征以指导视频内容的生成

循环神经网络 —— 循环神经网络及其变种擅长处理序列数据，能够捕捉数据中的时间依赖关系。在文生视频技术中，这些模型被用于处理文本描述和视频帧序列，理解文本中的语义信息，并将其映射到视频帧的生成过程中

生成对抗网络 —— 生成对抗网络由生成器和判别器两个神经网络组成，在文生视频技术中，生成对抗网络被用于生成视频帧，生成器根据输入的文本描述生成视频帧，而判别器则判断这些帧是否真实，从而指导生成器不断优化生成结果

图 5-2 文生视频 AI 模型的关键组件

文生视频技术的实现依赖于大量的训练数据，这些数据通常包括图像数据集和视频数据集，用于训练深度学习模型。在训练过程中，模型会学习如何从文本描述中提取关键信息，并将其映射到视频帧的生成过程中。通过不断迭代和优化，模型能够逐渐掌握从文本到视频的映射关系，实现高质量的视频生成。

在模型训练完成后，用户可以通过输入文本描述来触发视频内容的生成过程。系统会根据

输入的信息，利用训练好的模型生成相应的视频帧、角色动作、场景布局等。为了生成连贯的视频序列，系统还需考虑视频帧之间的时间依赖关系和场景一致性，从而生成符合用户预期的视频效果，如图 5-3 所示。

图 5-3　通过文本生成视频效果

生成的视频可能还需要经过后续处理，如颜色校正、光影效果调整、细节增强等，以提高视频的质量和逼真度。此外，系统还可能利用自然语言处理技术对视频中的语音进行合成或调整，以确保音画同步。这些处理步骤对于提升视频的整体效果至关重要。

5.2　文生视频的优质生成技巧

在深入探究文生视频这一创意与技术深度融合的领域时，能明显察觉，从文字到视频的跨越并非单纯的形式转变，而是情感与故事生命力的跃升。本节我们将探讨文生视频的操作技巧，助力用户创作出引人入胜、触动心灵的视频作品。

5.2.1　设置视觉细节生成视频

【效果展示】：在 AI 视频生成过程中，提示词是引导 AI 理解与创作视频内容的关键因素。借助详细的视觉细节提示词，AI 能够精准捕捉并重现用户心中的场景、人物或物体，生成符

效果展示　　视频教学

合要求的视频内容。下面这段用即梦生成的 AI 视频中,展现了"高耸的山脉""绿色的田野""河流""村庄"等大量视觉细节元素,呈现出一个和谐而生动的自然与人文景观,效果如图 5-4 所示。

图 5-4　效果展示

下面介绍在即梦 AI 中通过描述视觉细节生成视频的操作方法。

01 进入"视频生成"页面,切换至"文本生视频"选项卡,输入提示词,用于指导 AI 生成特定的视频,如图 5-5 所示。

02 设置"运动速度"为适中、生成时长为 6s、视频比例为 16:9,如图 5-6 所示。

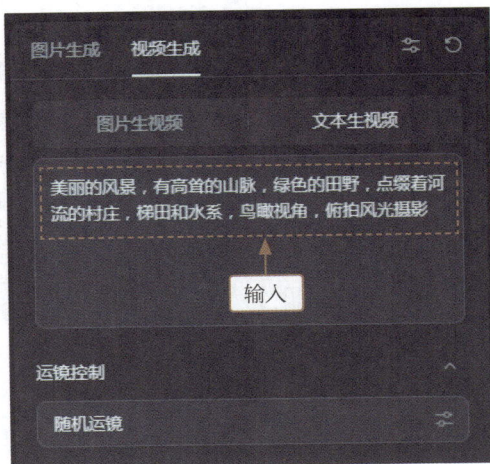

图 5-5　输入提示词

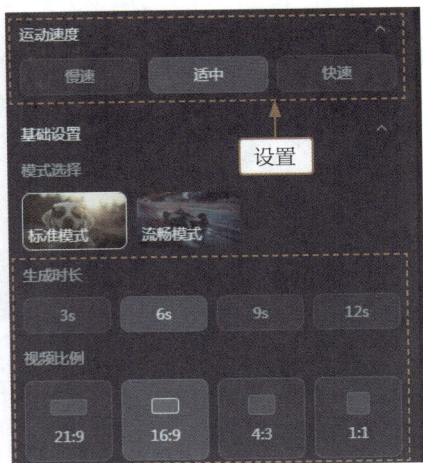

图 5-6　设置参数

03 单击"生成视频"按钮,即可开始生成视频,并显示生成进度,如图 5-7 所示。

04 稍等片刻,即可生成相应的视频效果,单击视频上方的"详细信息"按钮,可以查看该视频的提示词,如图 5-8 所示。

图 5-7 显示生成进度

图 5-8 生成视频效果

5.2.2 替换合适素材生成视频

【效果展示】：在生成视频时，有时短视频素材与输入的文字信息不匹配。对此，用户可以将这些不匹配的视频素材替换掉，以此来优化视频效果，效果如图 5-9 所示。

效果展示　　视频教学

图 5-9 效果展示

下面介绍在腾讯智影中通过替换素材生成视频的操作方法。

01 进入腾讯智影的"创作空间"页面，单击页面中的"文章转视频"按钮，如图 5-10 所示。

图 5-10 单击"文章转视频"按钮

02 进入"文章转视频"页面，在文本框中输入文字信息，并设置视频的生成信息，如设置"成片类型"为"解压类视频"、设置"视频比例"为"横屏"，单击"生成视频"按钮，如图 5-11 所示，即可开始生成视频。

图 5-11　设置并生成视频

03 执行操作后，会弹出一个对话框，该对话框中会显示视频剪辑生成的进度，如图 5-12 所示，用户只需等待短视频生成即可。

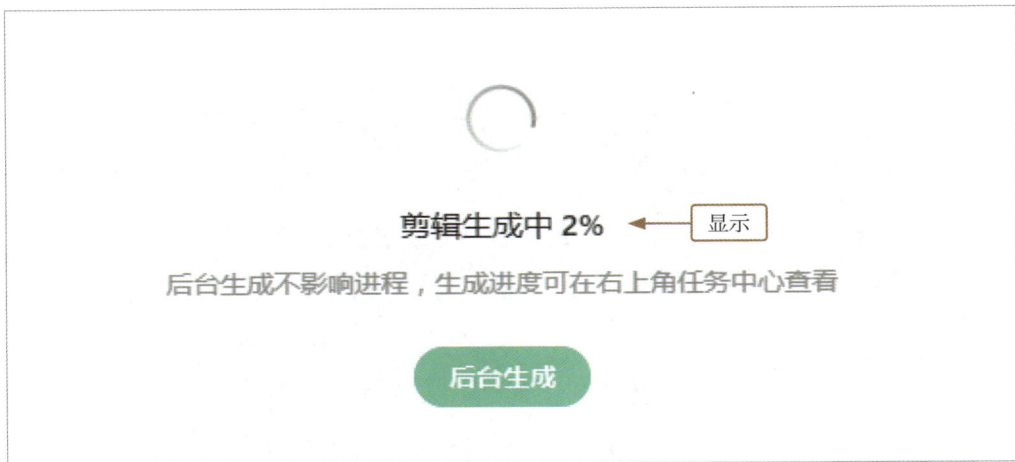

图 5-12　显示视频剪辑生成的进度

04 稍等片刻，即可进入短视频编辑页面。在腾讯智影中，使用文字生成的短视频可能会把所有素材连在一起，所以以为便于替换素材，用户需要先将短视频进行分割。将时间轴拖曳至短视频需要分割的位置，单击"分割"按钮，即可将短视频进行分割，如图 5-13 所示。

05 参照同样的操作，将视频的其他部分依次进行分割，如图 5-14 所示。

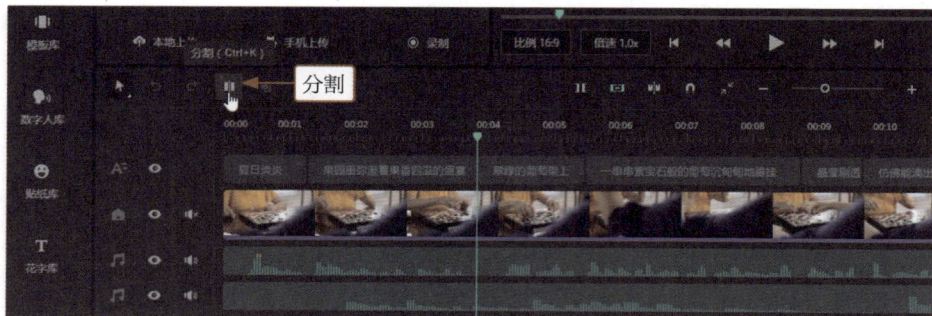

图 5-13 单击"分割"按钮

图 5-14 将视频的其他部分进行分割

06 单击"我的资源"选项卡，进入功能区，单击"当前使用"选项卡中的"本地上传"按钮，如图 5-15 所示。

图 5-15 单击"本地上传"按钮

07 执行操作后，弹出"打开"对话框，选择要上传的所有素材，单击"打开"按钮，即可成功上传 图片素材，如图 5-16 所示。

图 5-16　成功上传图片素材

08　图片素材上传完成，即可开始进行替换，在视频轨道的第一段素材上单击"替换素材"按钮，如图 5-17 所示。

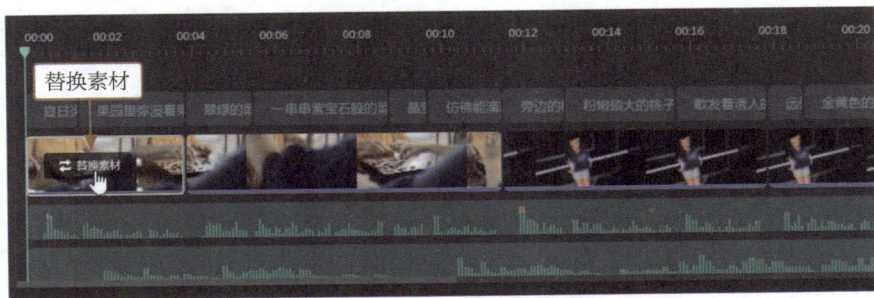

图 5-17　单击"替换素材"按钮

09　弹出"替换素材"面板，在"我的资源"选项卡中选择要替换的素材，如图 5-18 所示。

图 5-18　选择要替换的素材

10　执行操作后，即可预览素材的效果，单击"替换"按钮，如图 5-19 所示，进行素材的替换。

11　如果在对应的视频轨道中显示了刚刚选择的图片素材，就说明图片素材替换成功了，如图 5-20 所示。

图 5-19　单击"替换"按钮

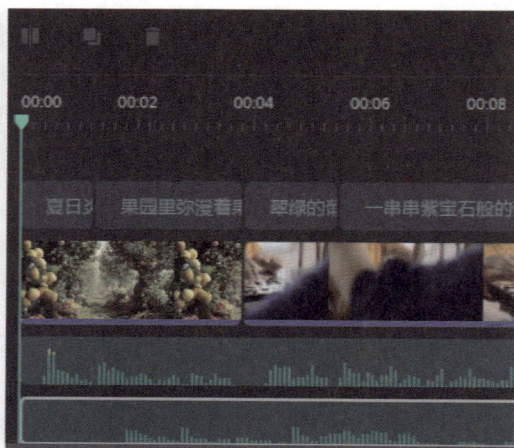

图 5-20　图片素材替换成功

12 参照同样的方法，将素材按顺序进行替换，效果如图 5-21 所示，即可完成短视频的制作。

图 5-21　将素材按顺序进行替换

专家提醒

替换时，应尽量选择高清、高质量的素材，以确保视频整体的清晰度。新素材的内容应与视频主题和风格保持一致，以增强视频的连贯性和观赏性。

5.2.3　延长短视频的时间

【效果展示】：在使用 AI 工具进行文生视频操作时，通常默认的时间较短，如果用户觉得视频的时间太短，无法充分展现精彩内容，则可以通过设置延长视频的长度，效果如图 5-22 所示。

效果展示

视频教学

图 5-22 效果展示

下面介绍使用 Runway 延长短视频长度的具体操作方法。

01 进入 Runway 的操作页面，上传图片素材，然后输入提示词，单击 Generate 4s 按钮，如图 5-23 所示。

02 执行操作后，即可生成对应的短视频，如图 5-24 所示。

图 5-23 单击 Generate 4s 按钮

图 5-24 生成对应的短视频

☀
专家提醒

如果用户对生成的视频效果不满意，可以在输入框内添加提示词，重新生成视频，提升视频的生成质量。

03 在生成的短视频下方，单击 Extend(延伸) 按钮，如图 5-25 所示。

04 页面左侧会出现延长视频的相关信息，用户可以在此处进行视频延长设置，单击 Extend 4S(延长 4 秒) 按钮，如图 5-26 所示。

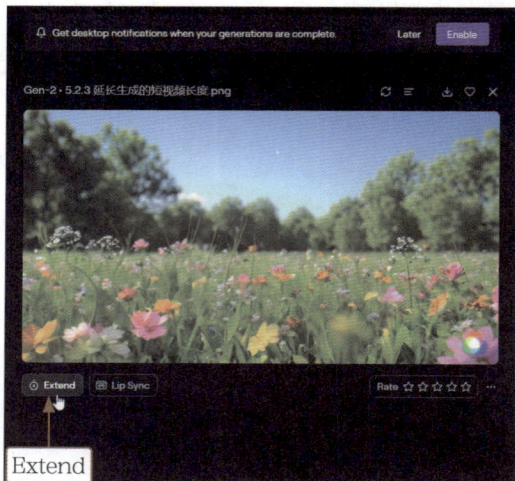

图 5-25　单击 Extend 按钮

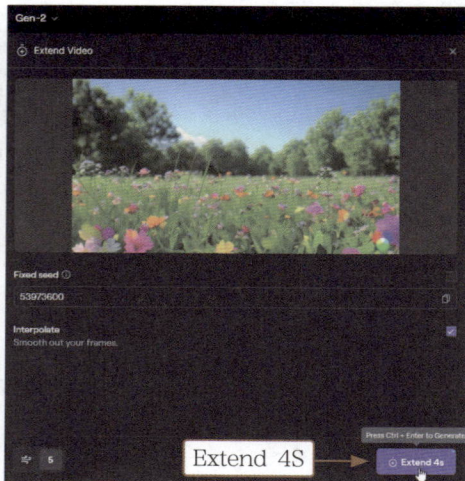

图 5-26　单击 Extend 4S 按钮

05 执行操作后，即可生成延长的视频效果，如图 5-27 所示。

图 5-27　生成延长的视频效果

5.2.4　智能匹配素材生成视频

【效果展示】：当用户对生成视频的效果不满意，想增加一些自己的创意想法时，可以对视频的素材进行替换，让视频更符合要求，如图 5-28 所示。

效果展示　　视频教学

图 5-28　效果展示

下面介绍在一帧秒创中通过智能匹配素材生成视频的操作方法。

01 在一帧秒创"首页"页面，单击"图文转视频"面板中的"去创作"按钮，如图 5-29 所示。

图 5-29　单击"去创作"按钮

02 进入"图文转视频"页面，在输入框中输入短视频的文案内容，单击"下一步"按钮，如图 5-30 所示。

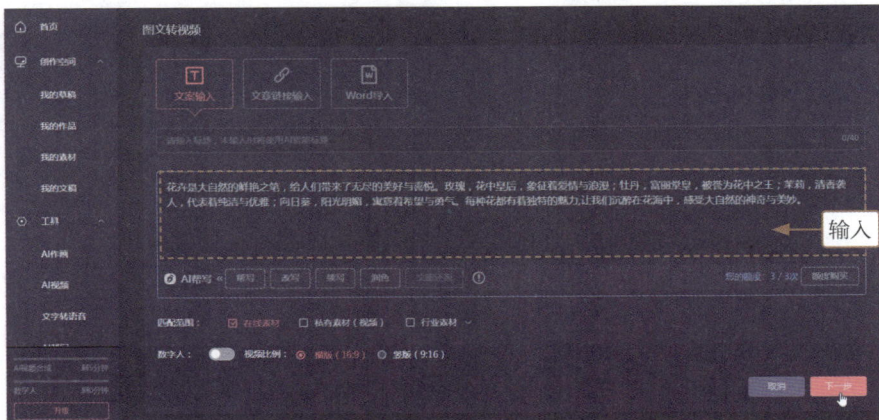

图 5-30　输入短视频的文案内容

03 进入"编辑文稿"页面，系统会自动对文案进行分段，用户可根据自身需求对文案进行调整，单击"下一步"按钮，如图 5-31 所示，即可开始生成短视频。

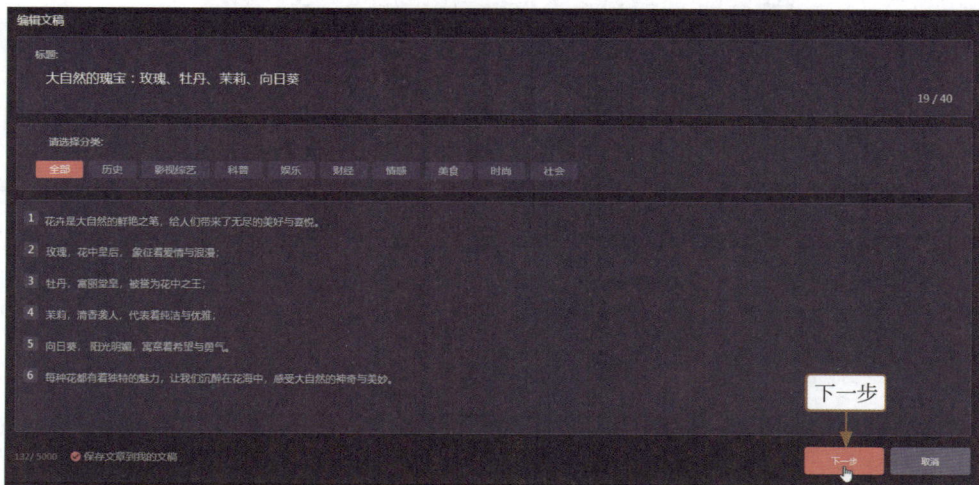

图 5-31 生成短视频

04 稍等片刻，即可查看自动生成的视频效果，如图 5-32 所示。

图 5-32 查看自动生成的视频效果

05 如果用户对效果不太满意，可以选择新的视频素材进行替换，如这里选择第 5 段，单击"替换"按钮，如图 5-33 所示。

06 在弹出的对话框中，用户可以选择在线素材、账号上传的素材、AI 作画的效果、表情包素材、最近使用的素材或收藏的素材进行替换。以使用在线素材为例，选择一个合适的素材，单击"使用"按钮，如图 5-34 所示。

图 5-33　单击"替换"按钮

图 5-34　选择替换素材

07 使用同样的方法替换其他不合适的素材，单击页面右上方的"生成视频"按钮，如图 5-35 所示，即可生成视频效果。

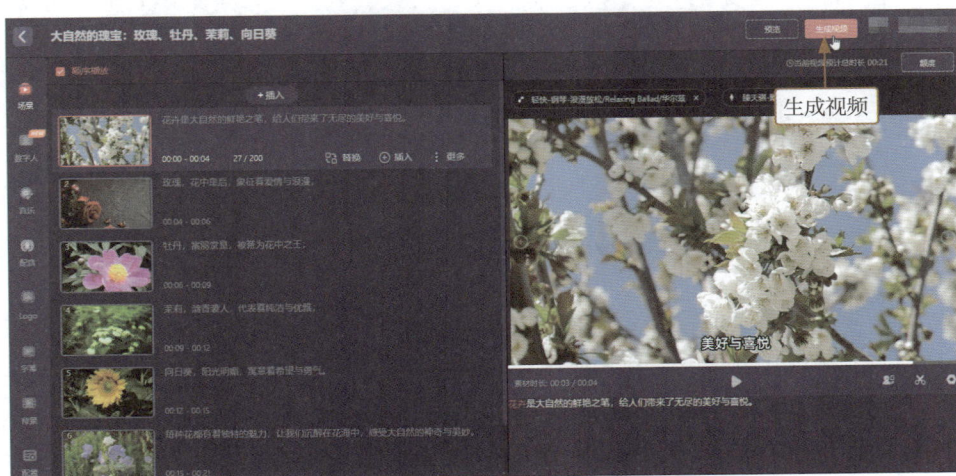

图 5-35　单击"生成视频"按钮

5.3 文生视频案例

效果展示　　视频教学

案例一：即梦AI，制作静物特写视频

【效果展示】： 静物特写短视频是一种通过近距离、高清晰度的拍摄手法，聚焦于静态物体或场景，展现其独特细节、质感、色彩或构图的视频形式，效果如图 5-36 所示。

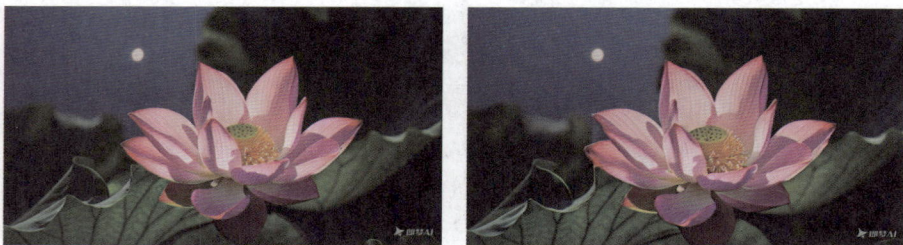

图 5-36　效果展示

下面介绍使用即梦 AI 生成静物特写短视频的操作方法。

01 进入"视频生成"页面，切换至"文本生视频"选项卡，输入提示词，如图 5-37 所示。

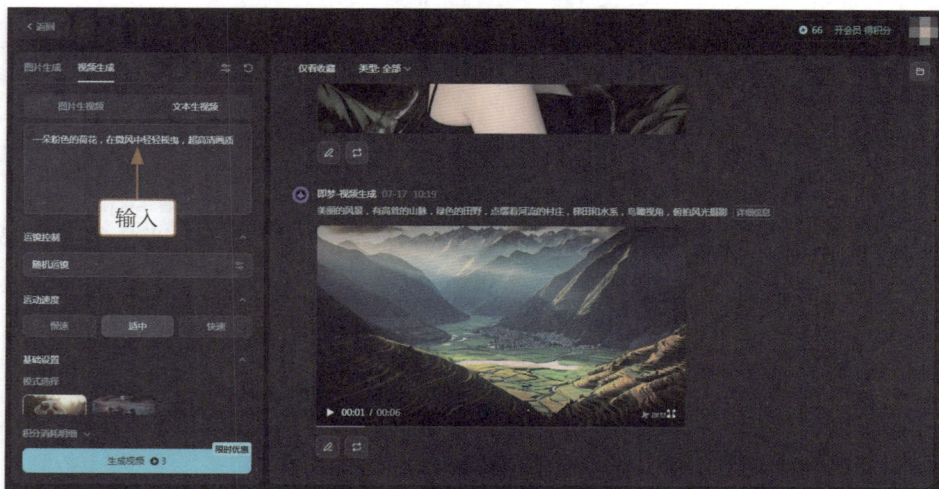

图 5-37　输入提示词

02 在"文本生视频"选项卡中，单击"运镜控制"下方的"随机运镜"按钮，在弹出的面板中选择运镜方式，如选择"推近"变焦选项，单击"应用"按钮，如图 5-38 所示。

03 用户可根据自身需求设置视频的比例和运动速度，如设置"视频比例"为 16：9、"运动速度"为"适中"，如图 5-39 所示，即可完成短视频生成的参数设置。

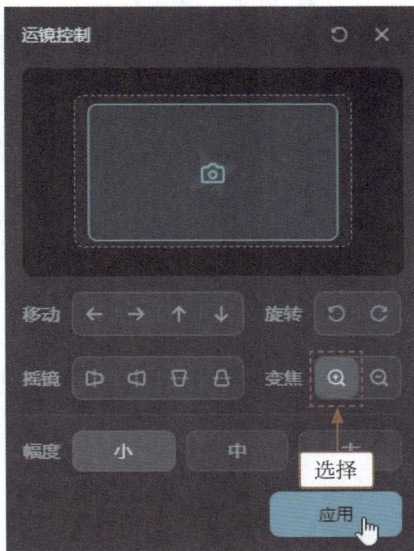

图 5-38　选择运镜方式

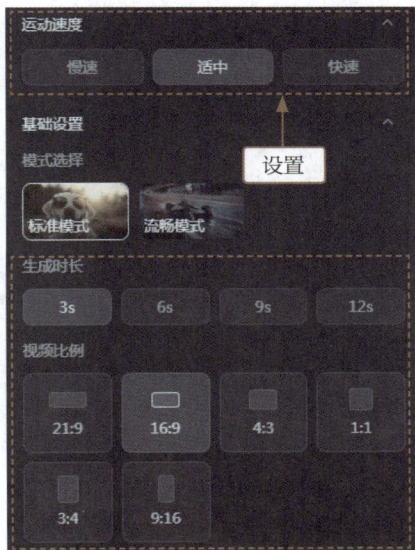

图 5-39　设置参数

04 单击"生成视频"按钮，系统会根据设置的信息生成短视频，并显示视频的生成进度，如图 5-40 所示。

图 5-40　显示视频的生成进度

05 稍等片刻，即可成功生成视频。用户可以单击视频封面右上角的下载按钮■，如图 5-41 所示，对视频进行下载。

图 5-41　视频下载

06　打开剪映，将下载的视频添加到剪映的视频轨道中，在"音频"功能区的"音乐素材"选项卡中，选择一个合适的音乐，单击"添加到轨道"按钮，如图 5-42 所示，即可为视频添加背景音乐。

图 5-42　单击"添加到轨道"按钮

💡
专家提醒

其他软件生成的视频，同样可以采用该方法添加背景音乐，后续章节不再重复说明。

案例二：腾讯智影，生成动物摄影视频

【效果展示】： 动物摄影视频旨在捕捉和记录自然界中动物的行为、习性、生活环境及独特瞬间。运用专业的 AI 摄影技术与创意手法，结合视频编辑技巧，用户能够制作出富有视觉冲击力与情感深度的动物影像作品，效果如图 5-43 所示。

效果展示　　视频教学

图 5-43　效果展示

下面介绍使用腾讯智影生成动物摄影视频的操作方法。

01 进入腾讯智影的"创作空间"页面，单击"文章转视频"按钮，如图 5-44 所示，进入"文章转视频"页面。

图 5-44　单击"文章转视频"按钮

02 在文字窗口中输入提示词，设置"视频比例"为"横屏"，其他设置保持不变，单击"生成视频"按钮，如图 5-45 所示，即可开始生成视频，并显示进度。

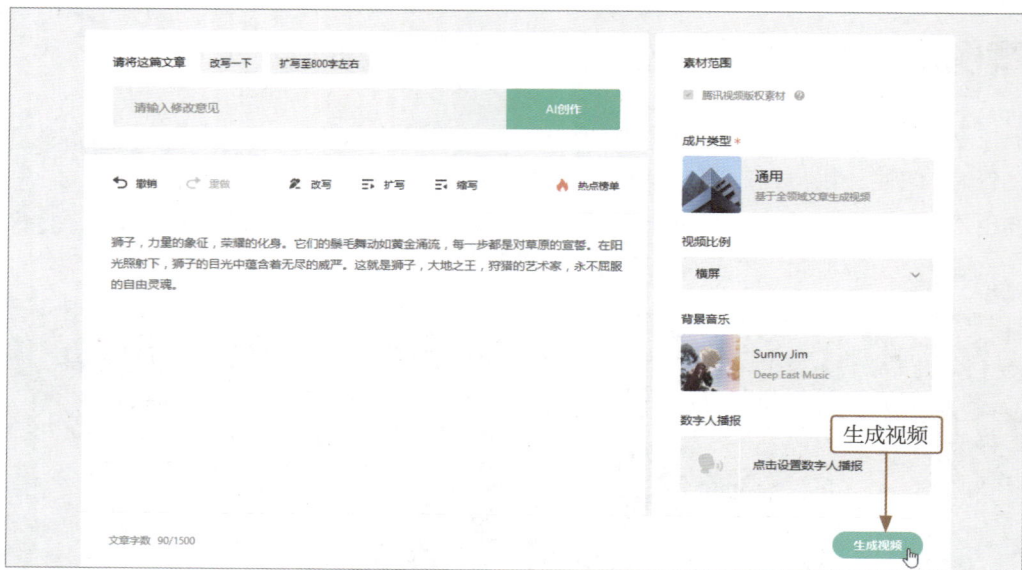

图 5-45　单击"生成视频"按钮

03 稍等片刻，即可进入视频编辑页面，查看生成的视频效果，如图 5-46 所示。可以看到，现在生成的视频效果比较简单，只能算一个雏形，还需要用户对视频进行优化。

图 5-46　查看视频效果

04 在视频编辑页面中，切换至"我的资源"选项卡，单击"本地上传"按钮，如图 5-47 所示。

05 在弹出的"打开"对话框中，选择素材，单击"打开"按钮，如图 5-48 所示，即可将所有素材上传到"我的资源"选项卡中。

图 5-47　单击"本地上传"按钮

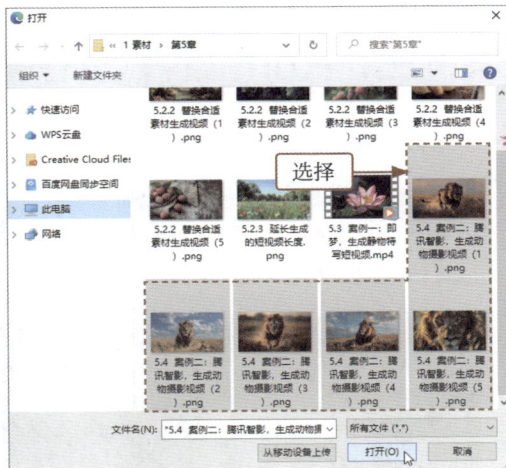

图 5-48　选择并上传素材

06 单击第 1 段素材上的"替换素材"按钮，弹出"替换素材"面板，切换至"我的资源"选项卡，选择要替换的素材，单击"替换"按钮，如图 5-49 所示，即可完成第 1 段素材的替换。

图 5-49　单击"替换"按钮

07 运用同样的方法，替换剩下的素材，即可完成视频的制作。

案例三：Runway，创作科幻场景宇宙飞船视频

【效果展示】：在科幻电影的宏大叙事中，各种奇特、梦幻的场景常常惊艳亮相，为观众创造一场视觉盛宴。如今，借助先进的 AI 视频生成工具，用户只需提交一段描述视频内容的文本，便能轻松生成令人叹为观止的视频效果，如图 5-50 所示。

效果展示　　视频教学

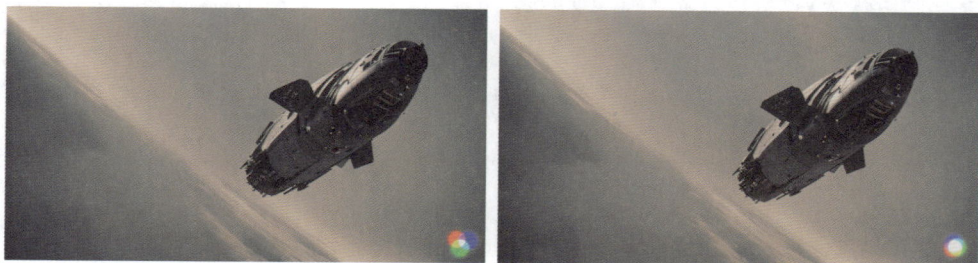

图 5-50　效果展示

下面介绍使用 Runway 生成宇宙飞船视频的操作方法。

01 进入 Runway 操作页面，在输入框中输入提示词 "A spaceship is sailing"（意为：一艘宇宙飞船正在航行），单击 Generate 4s 按钮，如图 5-51 所示。

02 执行操作后，即可开始生成视频，在页面的右侧可以查看视频的生成进度，如图 5-52 所示。

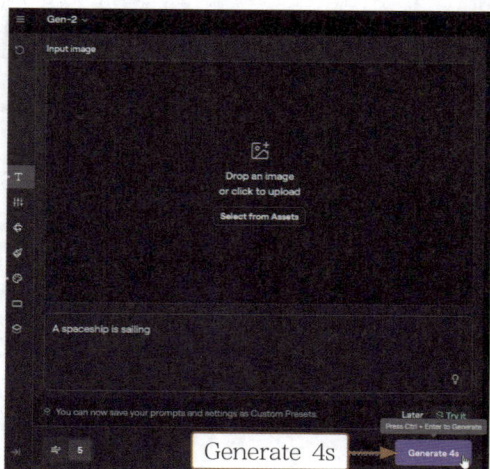 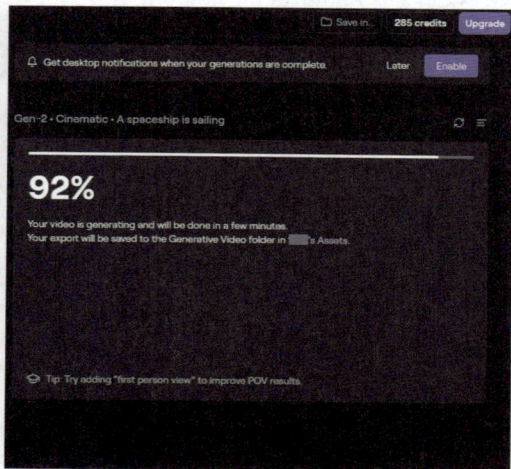

图 5-51　单击 Generate 4s 按钮　　　　　　图 5-52　查看视频生成进度

03　稍等片刻，即可生成视频效果，单击视频封面右上角的 Download(下载)按钮，如图 5-53 所示，即可下载视频。

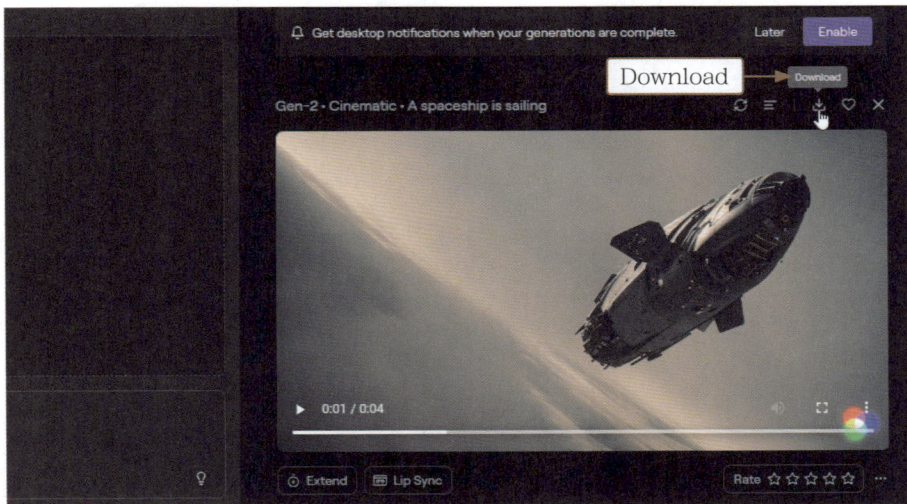

图 5-53　单击 Download 按钮

案例四：一帧秒创，打造江景房摄影视频

　　【效果展示】：房产摄影聚焦于房屋这一核心拍摄主体，借助镜头精准捕捉，全方位展现其独特的地理位置、窗外的城市风光，同时巧妙呈现室内空间与室外美景的和谐交融，营造出或宁静悠远、或繁华都市的独特居住氛围，令观者仿佛身临其境，如图 5-54 所示。

效果展示　　　视频教学

　　下面介绍使用一帧秒创生成江景房视频的操作方法。

图 5-54　效果展示

01 在一帧秒创首页，单击"图文转视频"面板中的"去创作"按钮，进入"图文转视频"页面，输入提示词，单击"下一步"按钮，如图 5-55 所示。

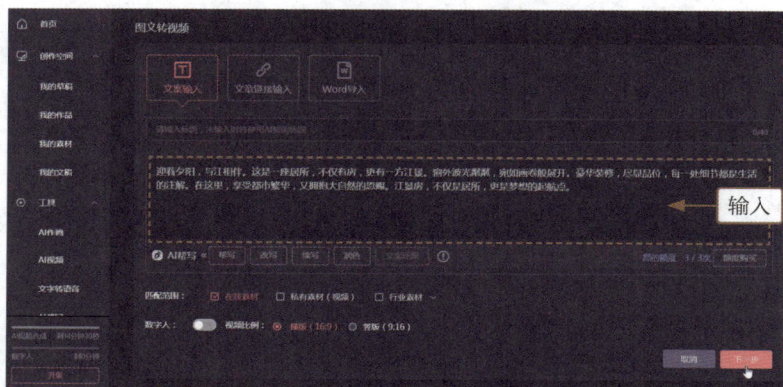

图 5-55　输入提示词

02 稍等片刻，进入"编辑文稿"页面，系统会自动对文案进行分段，每一段文案都对应一段素材，如图 5-56 所示。单击"下一步"按钮，开始生成视频。

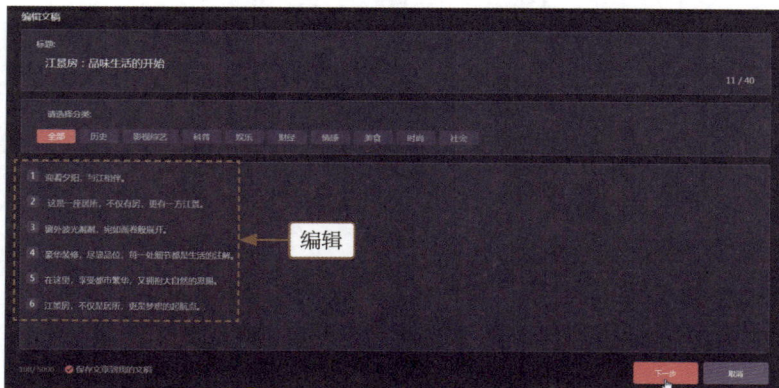

图 5-56　编辑文案

03 视频生成后，进入编辑页面，用户可以对不合适的视频素材进行替换，将鼠标移至第 1 段素材上，单击"替换"按钮，如图 5-57 所示。

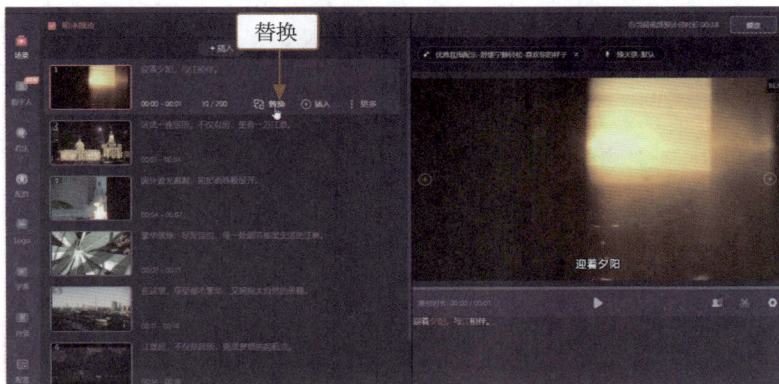

图 5-57　单击"替换"按钮

04 执行操作后，弹出相应面板，单击右上角的"本地上传"按钮，如图 5-58 所示。

图 5-58　单击"本地上传"按钮

05 上传第 1 段素材，然后切换至"我的素材"选项卡，选择上传的替换素材，单击"使用"按钮，如图5-59
所示，即可完成素材的替换。用同样的方法，依次进行替换，即可完成最终的视频效果。

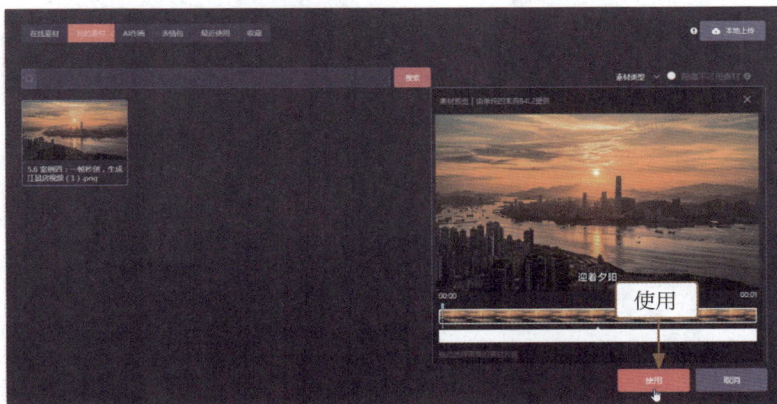

图 5-59　替换素材

第 6 章
图生视频

在视频内容创作竞争白热化、成本与效率压力倍增的当下，图生视频技术宛如一股强劲新风，它凭借先进算法实现视频自动化生成，能大幅提高创作效率、削减制作成本。创作者借此可快速响应市场风向，推出多元内容。本章将全面剖析图生视频的相关知识，带大家深入了解这一技术。

6.1　图生视频技术概念与原理

随着人工智能技术的迅猛发展，图生视频技术已非科幻电影中的专属桥段，而是成为现实世界中连接创意与表达的强大纽带。本节将详细介绍图生视频的相关内容，从基本概念入手，逐步深入核心原理，为大家呈现全面、系统的知识。

6.1.1　图生视频的技术概念

图生视频技术，也称图像到视频生成技术或图像驱动的视频合成技术，是利用深度学习、计算机视觉及图像处理技术，将静态图像转换为动态视频的高级技术。其核心原理是分析图像语义信息、运动模式及时间连续性规律，自动或依用户指导生成真实、自然流畅的视频内容。

视频教学

图生视频技术的处理过程通常是自动化的，减少了人工干预，提升了效率。近年来，这一技术在广告营销、内容创作、游戏娱乐等领域展现出巨大的应用潜力与商业价值，如图6-1所示。

图 6-1　图生视频效果

图生视频技术通过分析静态图片中的色彩、纹理、物体布局等信息，结合深度学习模型对视频帧间变化的预测能力，自动生成一系列连续变化的图像帧，最终合成流畅的视频内容。生成的视频既要在视觉上连贯自然，又需在内容表达上契合用户或应用场景的特定需求。

6.1.2 图生视频的技术原理

视频教学

图生视频技术，即图片生成视频技术，其技术原理主要基于深度学习、计算机视觉，以及图像处理等领域的先进技术。以下是图生视频技术的基本原理。

1. 深度学习模型

在图生视频技术领域，深度学习模型扮演着核心驱动力的重要角色。该模型借助对海量图像和视频数据集展开训练，深入学习图像到视频之间的映射关系，进而具备生成高质量视频帧的能力。

（1）生成对抗网络。生成对抗网络由生成器和判别器两个神经网络组成。通过不断的对抗训练，生成器逐渐学会生成越来越真实的图像或视频帧。在图生视频技术中，生成对抗网络可用于生成符合输入图片风格和内容的动态视频帧。

（2）卷积神经网络。卷积神经网络在图像处理中表现出色，能够自动学习图像中的特征，如边缘、纹理等。在图生视频技术中，卷积神经网络可用于提取输入图片的特征，为后续的帧间插值和运动估计奠定基础。此外，卷积神经网络还可用于图像识别和分割等任务，帮助模型更好地理解图片内容。

（3）Transformer（变压器）模型。在图生视频技术中，Transformer 能够处理长距离依赖问题，可用于建模视频帧之间的时间依赖关系，实现视频帧的生成和预测。

2. 图像识别与分割

在图生视频过程中，需先对输入的图片进行识别和分割，这一步骤有助于模型更好地理解图片内容，并据此生成符合逻辑的视频帧。

（1）图像识别。将图片中的像素映射到特定的标签或类别，如物体、人脸、字符等。这一过程通常涉及特征提取、特征匹配和分类等步骤。在图生视频技术中，图像识别可以帮助模型识别出图片中的关键元素和场景，为后续的帧间插值和运动估计提供重要信息。

（2）图像分割。将图片划分为多个区域，每个区域都由同一种对象或类别组成。这一过程有助于模型更准确地理解图片中的物体布局和空间关系。在图生视频技术中，图像分割可以帮助模型区分不同的物体和背景，从而生成更加自然和连贯的视频帧。

3．帧间插值与运动估计

为了生成流畅的视频内容，模型需要预测并生成中间帧，即两帧之间的过渡帧。这通常涉及帧间插值和运动估计算法。

（1）帧间插值。在已知的两帧之间插入新的帧，使得视频在视觉上更加流畅。帧间插值算法可以根据前后帧的像素信息和运动信息来估计中间帧的像素值。在图生视频技术中，帧间插值可以帮助模型生成连续变化的视频帧序列。

（2）运动估计。预测图像中物体的运动轨迹和速度等信息，通过分析相邻帧之间的像素变化来估计物体的运动情况。在图生视频技术中，运动估计可以帮助模型预测物体在未来帧中的位置和形态变化，从而生成符合逻辑的视频帧。

4．渲染与优化

生成的视频帧需要经过渲染和优化处理，以提高其视觉效果和逼真度。

（1）渲染。将生成的视频帧进行渲染处理以增强其视觉效果，这包括调整色彩、亮度、对比度等参数，以及添加适当的过渡效果和背景音乐等。在图生视频技术中，渲染处理可以使生成的视频更加生动，如图 6-2 所示。

图 6-2　视频渲染效果

（2）优化。对生成的视频帧进行优化处理以提高其质量和效率，这包括去除噪声、压缩视频文件大小，以及优化视频编码格式等。在图生视频技术中，优化处理确保生成的视频能够在各种设备和平台上流畅播放并节省存储空间。

图生视频技术的综合应用，能够将静态图片转化为流畅且逼真的动态视频内容。

6.2　图生视频的优质生成技巧

在创作引人入胜的图生视频作品时，掌握优质的生成技巧是成功的关键。从静态图像到动态视频的转变，并非技术的简单叠加，而是创意与美学的深度结合。本节将详细介绍图生视频的相关技巧，助力大家通过实践与应用更快掌握其操作方法。

6.2.1　单图快速实现图生视频

【效果展示】：　AI 视频制作模型会根据图片的内容生成动态效果，用户仅需上传图片，即可生成与原始图片风格一致的视频，效果如图 6-3 所示。

效果展示　　　　视频教学

图 6-3　效果展示

下面介绍使用即梦 AI 上传图片生成视频的操作方法。

01　进入"视频生成"页面，在"图片生视频"选项卡中，单击"上传图片"按钮，如图 6-4 所示。

02　在弹出的"打开"对话框中，用户可根据需要选择图片素材，单击"打开"按钮，如图 6-5 所示。

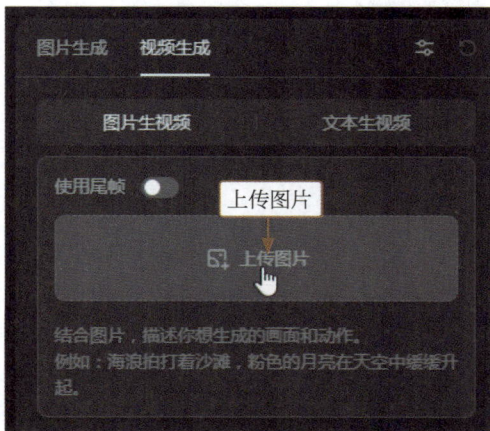

图 6-4 单击"上传图片"按钮

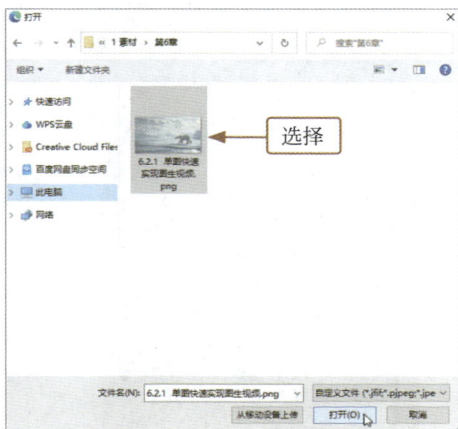

图 6-5 选择图片素材

03 执行操作后，即可将所选的图片素材上传至"视频生成"选项卡，如图 6-6 所示。

04 单击"运镜控制"下方的"随机运镜"按钮，在弹出的面板中选择"推近"变焦选项 🔍，单击"应用"按钮，如图 6-7 所示，使视频画面慢慢放大。

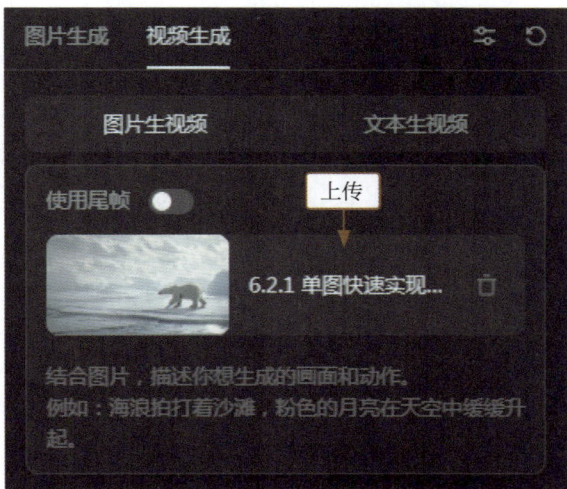

图 6-6 上传图片素材

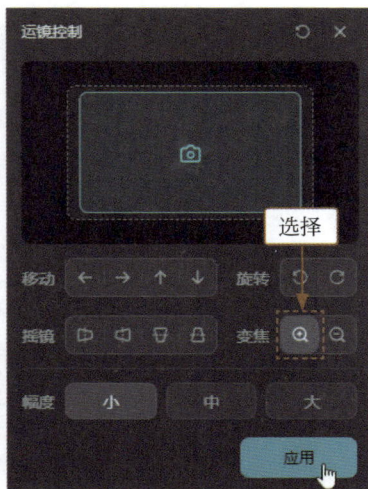

图 6-7 选择运镜方式

05 单击"生成视频"按钮，AI 开始解析图片内容，并根据图片内容生成动态效果，页面右侧显示了视频生成进度，待视频生成完成后，显示视频的画面效果，如图 6-8 所示。将鼠标移至视频画面上，即可自动播放 AI 视频。

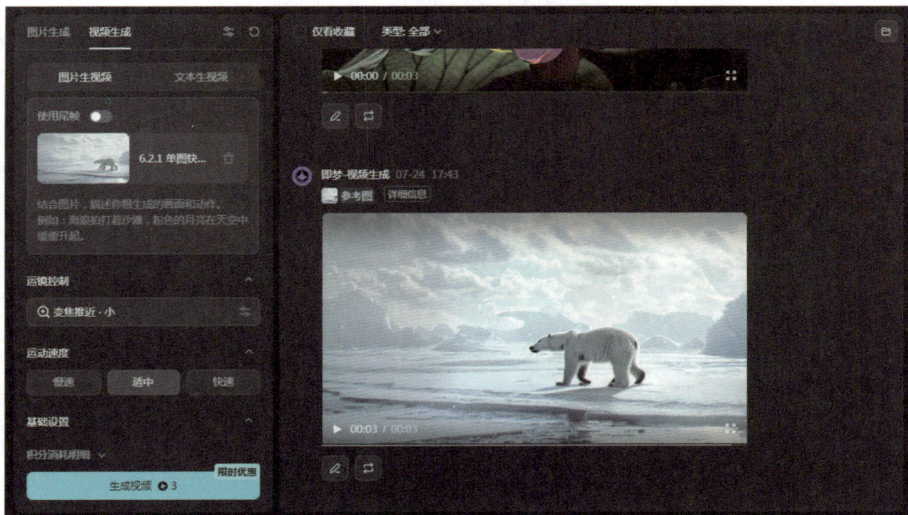

图 6-8　显示视频的画面效果

6.2.2　添加尾帧进行图生视频

【效果展示】：运用首帧与尾帧生成视频是一种基于关键帧的动画技术，通常用于动画制作和视频生成。这种方法允许用户定义视频的起始状态（首帧）和结束状态（尾帧），然后 AI 会在这两个关键帧之间自动生成中间帧，从而创造出流畅的视频效果，如图 6-9 所示。

效果展示　　视频教学

图 6-9　效果展示

下面介绍在即梦 AI 平台添加尾帧进行图生视频的操作方法。

01　进入"视频生成"页面，在"图片生视频"选项卡中，开启"使用尾帧"功能，如图 6-10 所示。

02　单击"上传首帧图片"按钮，弹出"打开"对话框，在其中选择首帧图片素材，单击"打开"按钮，如图 6-11 所示。

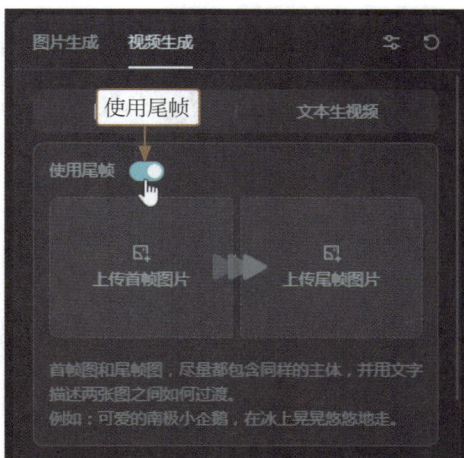

图 6-10　开启"使用尾帧"功能

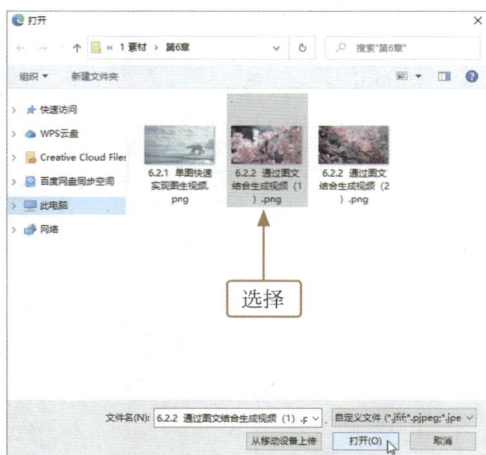

图 6-11　选择首帧图片素材

03 执行操作后，即可上传首帧图片素材，如图 6-12 所示。

04 单击"上传尾帧图片"按钮，弹出"打开"对话框，在其中选择尾帧图片素材，单击"打开"按钮，如图 6-13 所示。

图 6-12　上传首帧图片素材

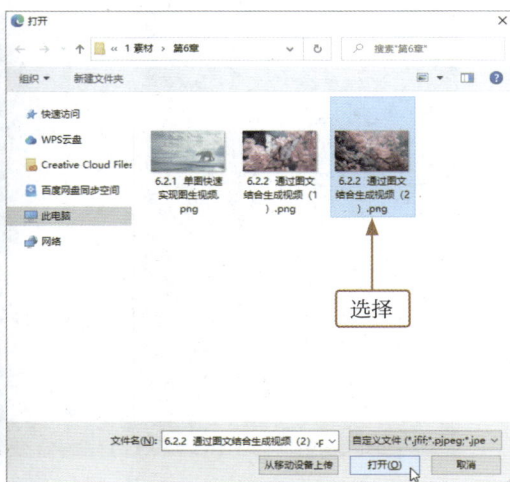

图 6-13　选择尾帧图片素材

05 执行操作后，即可上传尾帧图片素材，如图 6-14 所示。

06 设置"生成时长"为 9s，单击"生成视频"按钮，如图 6-15 所示。

07 稍等片刻，即梦 AI 即可根据首帧与尾帧图片生成相应的视频效果，如图 6-16 所示。

08 将视频进行保存，即可完成视频的制作。

图 6-14　上传尾帧图片素材

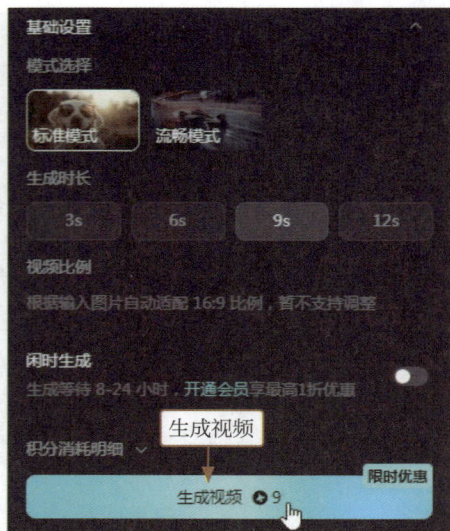

图 6-15　单击"生成视频"按钮

图 6-16　根据首帧与尾帧图片生成视频效果

6.2.3　视频画面的重新编辑

【效果展示】：如果用户对生成的视频效果不满意，可以对视频画面进行重新编辑，修改提示词描述，或者重新设置运镜方式，使生成的视频效果更加符合用户需求，效果如图 6-17 所示。

效果展示　　　视频教学

图 6-17　效果展示

下面介绍在即梦 AI 平台对视频画面进行重新编辑的操作方法。

01 进入"视频生成"页面，在"图片生视频"选项卡中单击"上传图片"按钮，上传一张图片素材，设置"运镜控制"为"变焦推近·小" 🔍 ，设置视频的运镜方式，单击"生成视频"按钮，如图 6-18 所示。

图 6-18　单击"生成视频"按钮

02 执行操作后，AI 开始解析图片内容，并根据图片内容生成动态效果，页面右侧显示了视频的生成进度，如图 6-19 所示。

03 待视频生成完成，页面中会显示视频的画面效果，将鼠标移至视频画面上，即可自动播放 AI 视频，如果用户对视频效果不满意，此时可以单击下方的"重新编辑"按钮 ✐ ，如图 6-20 所示。

04 在左侧的"图片生视频"选项卡中，为图片素材输入相应的提示词内容，如图 6-21 所示，使生成的视频效果更加符合用户的需求。

05 设置"运镜控制"为"变焦拉远·小" 🔍 ，使视频画面慢慢缩小，展示更多的背景和环境，如图 6-22 所示。

图 6-19　显示视频生成进度

图 6-20　单击"重新编辑"按钮

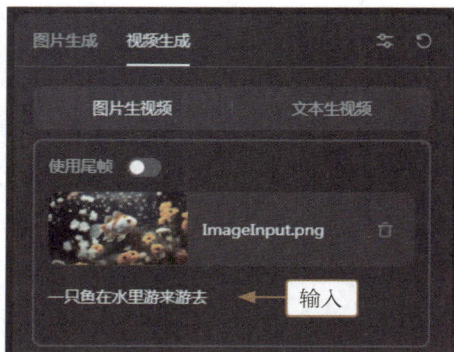

图 6-21　输入提示词

图 6-22　设置运镜方式

06　单击"生成视频"按钮，此时 AI 开始解析图片内容与提示词描述，并根据图片与提示词内容重新生成动态的视频效果，如图 6-23 所示。

图 6-23　重新生成动态的视频效果

07　将视频进行保存，即可完成视频的制作。

6.2.4　再次生成同类型的视频

【效果展示】：当用户通过图片生成相应的视频后，如果对视频效果不满意，可再次通过 AI 平台，根据用户上一次上传的图片素材进行视频创作，生成新的视频内容，效果如图 6-24 所示。

效果展示　　　视频教学

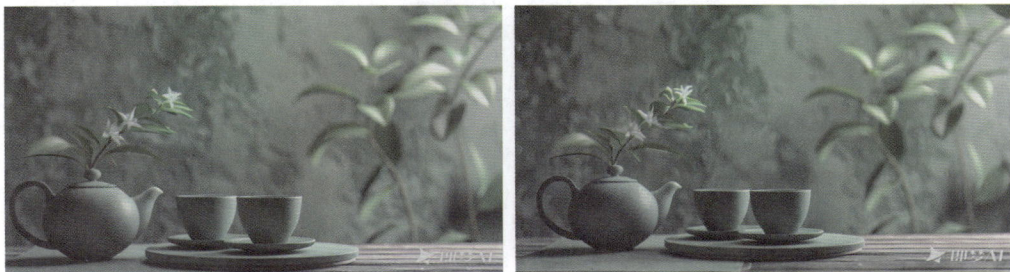

图 6-24　效果展示

下面介绍在即梦 AI 平台中再次生成同类型视频的操作方法。

01　进入"视频生成"页面，在"图片生视频"选项卡中单击"上传图片"按钮，如图 6-25 所示。

02　在弹出的"打开"对话框中，选择需要上传的图片素材，单击"打开"按钮，即可将图片素材上传至"视频生成"页面中，如图 6-26 所示。

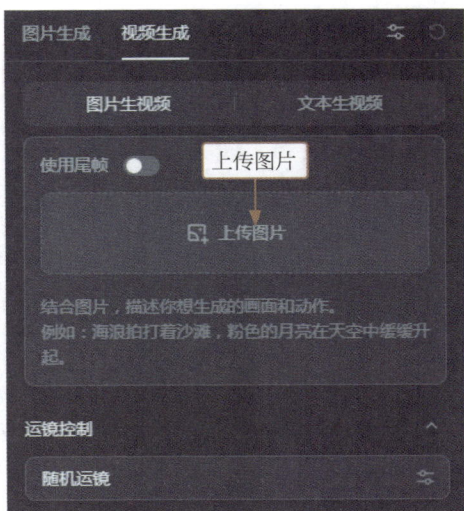

图 6-25　单击"上传图片"按钮

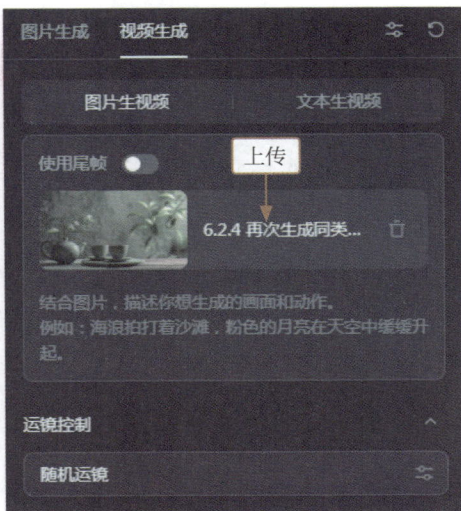

图 6-26　上传图片素材

03　在上传的图片下方，输入视频提示词，如图 6-27 所示，引导 AI 模型生成理想的视频画面和动作。

04　设置"运镜控制"为"变焦拉远·小" 🔍，如图 6-28 所示，使视频画面慢慢缩小。

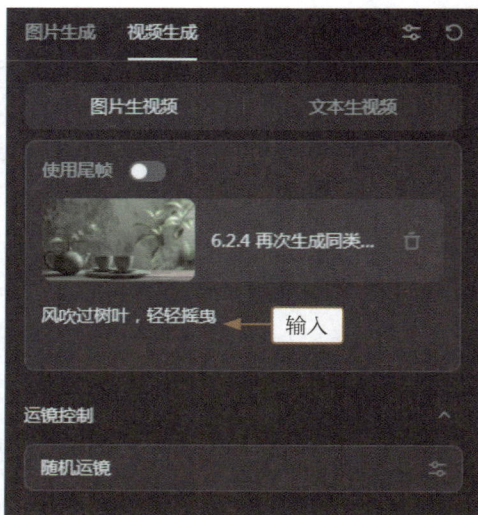

图 6-27　输入视频提示词

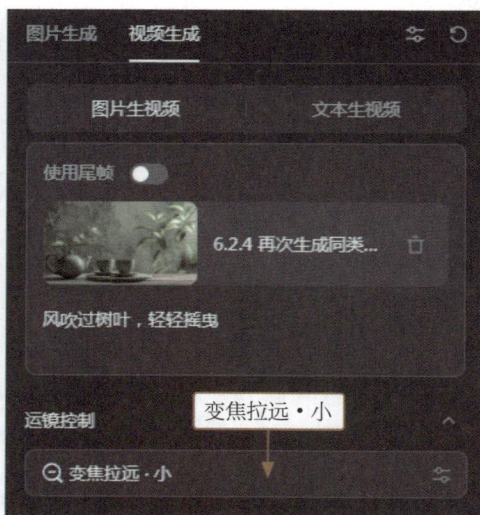

图 6-28　设置运镜方式

05　单击"生成视频"按钮，AI 开始解析图片内容与提示词描述，并根据图片内容生成动态效果，页面右侧显示了视频生成进度，待视频生成完成后，显示了视频的画面效果，如图 6-29 所示。将鼠标移至视频画面上，即可自动播放 AI 视频效果。

06　如果用户对该视频效果不满意，只需单击视频效果下方的"再次生成"按钮，如图 6-30 所示，即可再次生成视频。

图 6-29　显示视频的画面效果

图 6-30　单击"再次生成"按钮

07　执行操作后，即可再次生成相应的视频效果，完成视频的制作。

6.3　图生视频案例

效果展示　　视频教学

案例一：剪映，生成水果推荐视频

【效果展示】：水果推荐视频是借助视觉与听觉的多元呈现方式，向观众全方位展示并推荐各类水果的视频内容。这类视频在销售广告领域应用广泛，能够有效吸引观众的目光，激发其购买意愿，效果如图 6-31 所示。

图 6-31　效果展示

下面介绍使用剪映生成水果推荐视频的具体操作方法。

01　打开剪映电脑版，在首页单击"图文成片"按钮，如图 6-32 所示。

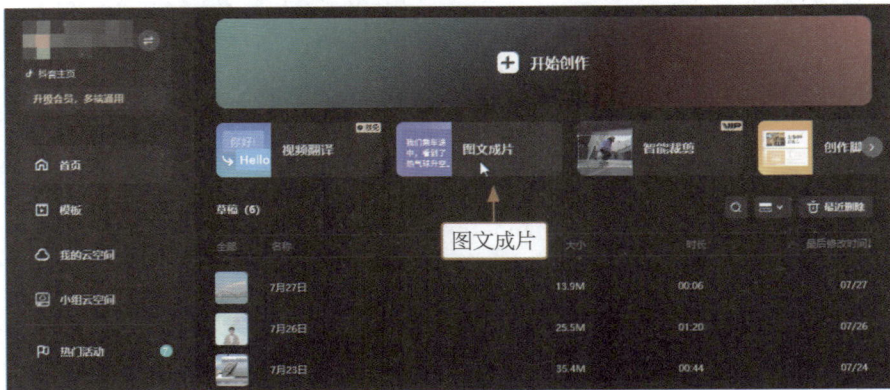

图 6-32　单击"图文成片"按钮

02　在弹出的"图文成片"对话框中，选择要编写的 AI 文案所属的类型，并对 AI 文案的生成信息进行设置，单击"生成文案"按钮，如图 6-33 所示。

03　执行操作后，系统会根据要求生成对应的 AI 文案，如图 6-34 所示。

04　单击"图文成片"对话框右下方的"生成视频"按钮，在弹出的列表框中选择"智能匹配素材"选项，如图 6-35 所示。

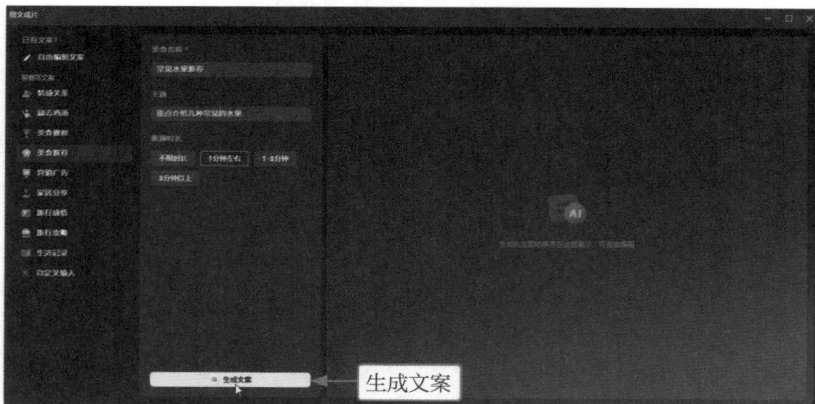

图 6-33　单击"生成文案"按钮

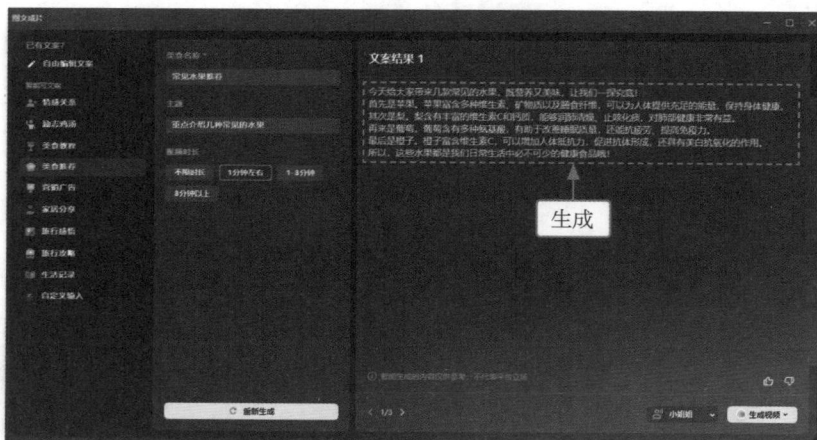

图 6-34　生成对应的 AI 文案

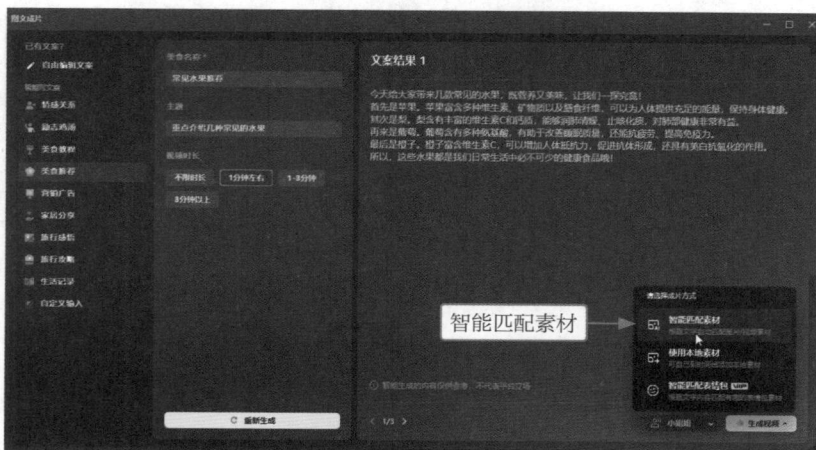

图 6-35　选择"智能匹配素材"选项

05 执行操作后，即可根据 AI 文案匹配素材，并生成短视频的雏形，如图 6-36 所示。

图 6-36　生成短视频的雏形

06 将鼠标定位在要替换的素材上，单击鼠标右键弹出快捷菜单，选择"替换片段"选项，如图 6-37 所示，将图文不太相符的素材替换掉。

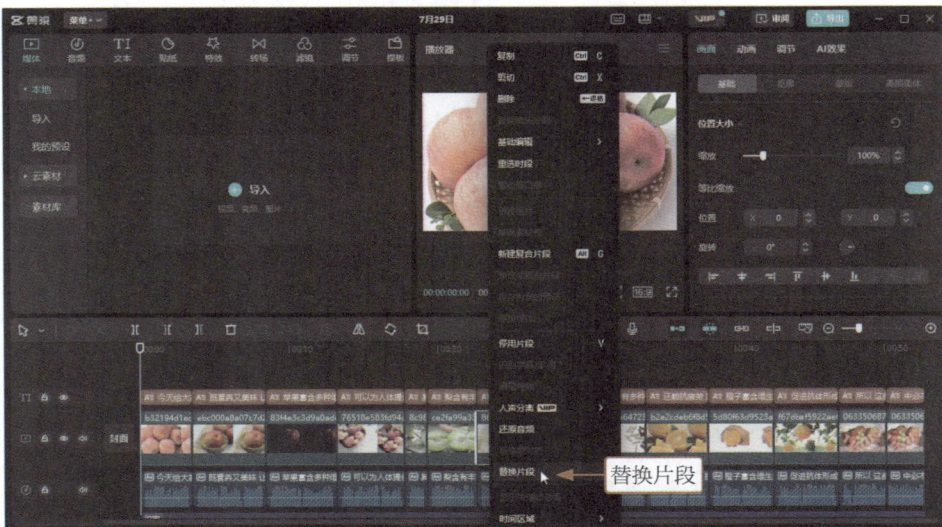

图 6-37　选择"替换片段"选项

07 执行操作后，在弹出的"请选择媒体资源"对话框中，选择新的图片素材，单击"打开"按钮，如图 6-38 所示。

08 在弹出的"替换"对话框中，单击"替换片段"按钮，如图 6-39 所示。

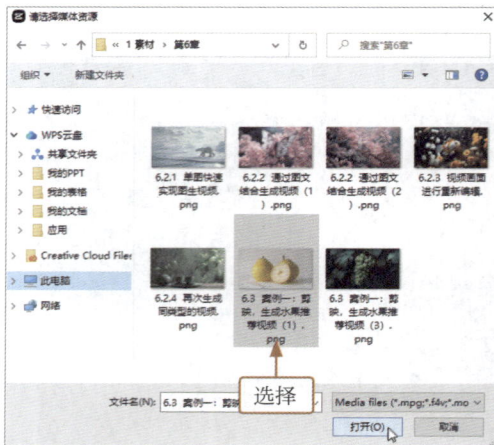

图 6-38　选择图片素材

图 6-39　单击"替换片段"按钮

09　执行操作后，即可将图片素材替换到视频片段中，同时导入本地媒体资源库中，如图 6-40 所示。

10　运用同样的方法，将其他不合适的素材进行替换，效果如图 6-41 所示。

图 6-40　将图片素材替换到视频片段中

图 6-41　将其他不合适的素材进行替换

案例二：即梦AI，生成人像摄影视频

【效果展示】：人像摄影视频以人物为核心，聚焦拍摄对象的神态、表情与姿态，捕捉独特魅力瞬间。这类视频通常涵盖多种风格场景，还会展示不同的拍摄角度、光线运用带来的奇妙效果，让观众快速领略人物的魅力，效果如图 6-42 所示。

效果展示　　　视频教学

图 6-42　效果展示

下面介绍使用即梦 AI 生成人像摄影视频的具体操作方法。

01　进入"视频生成"页面的"图片生视频"选项卡，单击"上传图片"按钮，如图 6-43 所示。

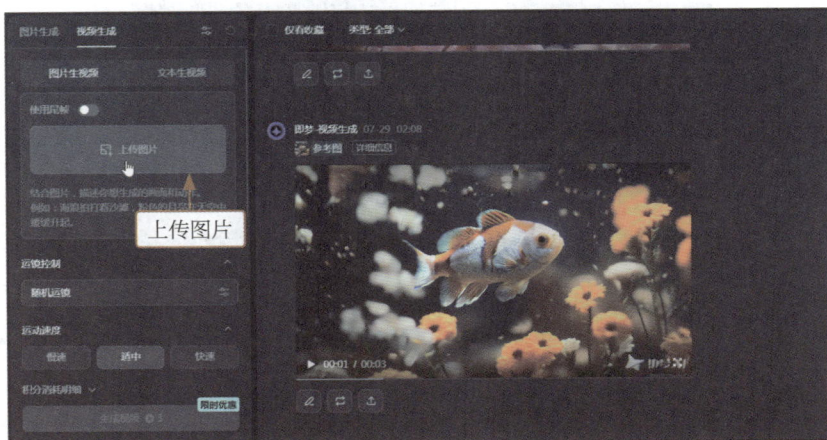

图 6-43　单击"上传图片"按钮

02　在弹出的"打开"对话框中，选择需要上传的图片素材，单击"打开"按钮，如图 6-44 所示。

图 6-44　选择图片素材

03 执行操作后，如果"图片生视频"选项卡中显示图片信息，说明图片素材上传成功了，如图 6-45 所示。

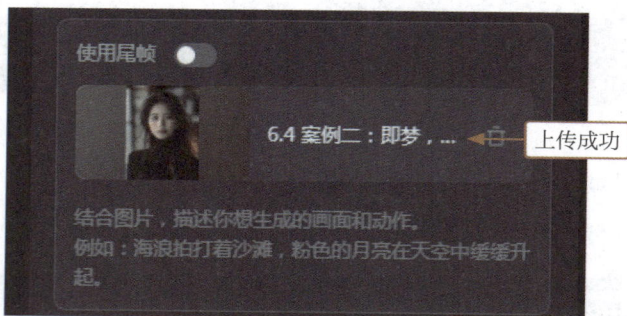

图 6-45　图片素材上传成功

04 单击上传的图片素材下方的输入框，输入提示词，如图 6-46 所示，完成短视频文本信息的设置。

图 6-46　输入提示词

05 在"图片生视频"选项卡中，单击"运镜控制"下方的"随机运镜"按钮，在弹出的面板中选择"拉远"变焦选项 $\oplus$，单击"应用"按钮，如图 6-47 所示，进行运镜方式的设置。

06 用户可根据自身需求设置运动的速度，如设置"运动速度"为"适中"，如图 6-48 所示，即可完成短视频生成信息的设置。

图 6-47　设置运镜方式

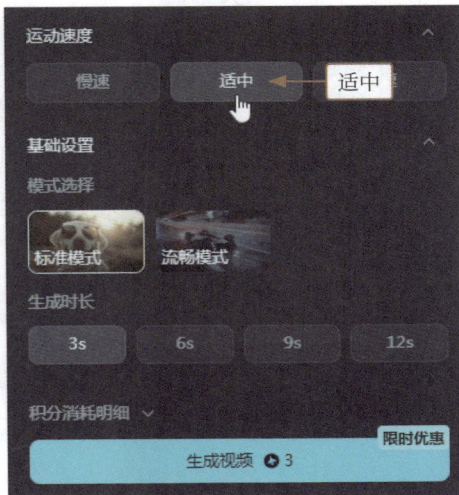

图 6-48　设置生成信息

07 默认其他设置，单击选项卡下方的"生成视频"按钮，如图 6-49 所示，进行短视频的生成。

图 6-49　单击"生成视频"按钮

08 执行操作后，系统会根据设置的信息生成短视频，如果"视频生成"页面的右侧显示了短视频的封面，就说明短视频生成成功，如图 6-50 所示。生成短视频后，用户可以单击该视频封面右下角的 $\boxed{\cdot}$ 按钮，全屏预览短视频。

图 6-50　短视频生成成功

09　如果用户想要对生成的视频进行调整，可以在"视频生成"页面单击视频下方的"重新编辑"
　　按钮 ✐，如图 6-51 所示。

图 6-51　单击"重新编辑"按钮

10　在"视频生成"页面的"图片生视频"选项卡中，调整运镜的方式，设置"运镜控制"为"变
　　焦推近·小" 🔍，单击"生成视频"按钮，如图 6-52 所示，调整短视频的生成信息，并重新
　　生成短视频。

图 6-52 调整短视频生成信息

11 执行操作后，即梦 AI 会根据调整的信息，重新生成一条短视频，如图 6-53 所示。

图 6-53 重新生成一条短视频

12 如果用户对重新生成的短视频比较满意，可以单击短视频封面上方的"开通会员 下载无水印视频"
按钮，将其下载至自己的电脑中，如图 6-54 所示。

13 执行操作后，即可完成人像摄影短视频的制作。

图 6-54　下载短视频

案例三：Runway，生成科幻效果视频

【**效果展示**】：科幻效果视频，是结合了科学幻想元素与视频制作技术的视觉艺术作品。这类视频通过添加 AI 制造出来的假象和幻觉，创造出一种超越现实、充满想象力的特殊效果，如图 6-55 所示。

效果展示　　**视频教学**

图 6-55　效果展示

下面介绍使用 Runway 生成科幻效果视频的具体操作方法。

01 进入 Runway 的操作页面，单击"Drop an image or click to upload"（删除图像或点击上传）按钮，如图 6-56 所示。

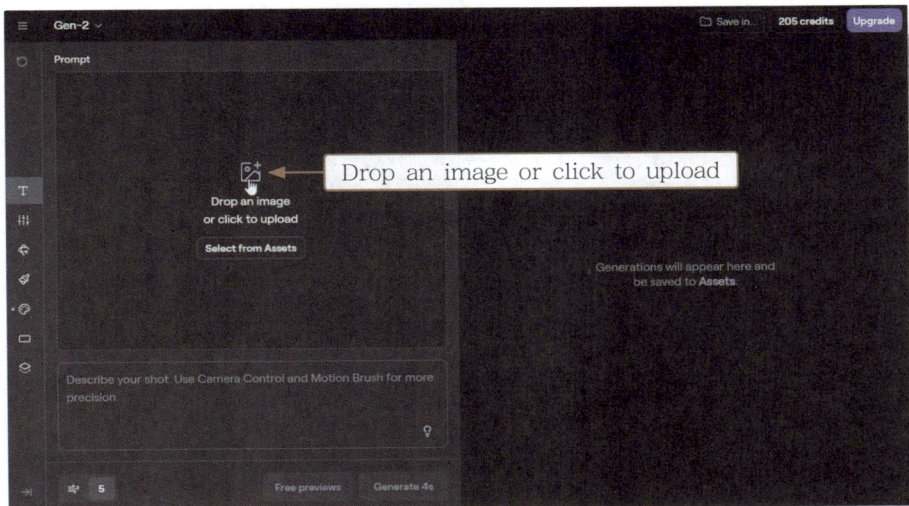

图 6-56　单击 Drop an image or click to upload 按钮

02　在弹出的"打开"对话框中，选择要上传的图片，单击"打开"按钮，如图 6-57 所示。

03　稍等片刻后，即可将图片上传，如图 6-58 所示。

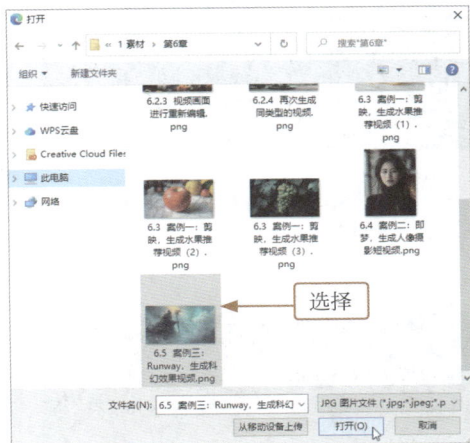

图 6-57　选择图片素材

图 6-58　上传图片素材

04　单击 👈 按钮，在弹出的"General Motion"（一般运动）面板中，将参数设置为 7，如图 6-59 所示，增加视频的运动强度。

专家提醒

　General Motion 的参数越大，视频中的运动强度就越高。不过，并不是运动强度越高，视频效果就越好，用户还是要根据图片和视频需求合理设置。

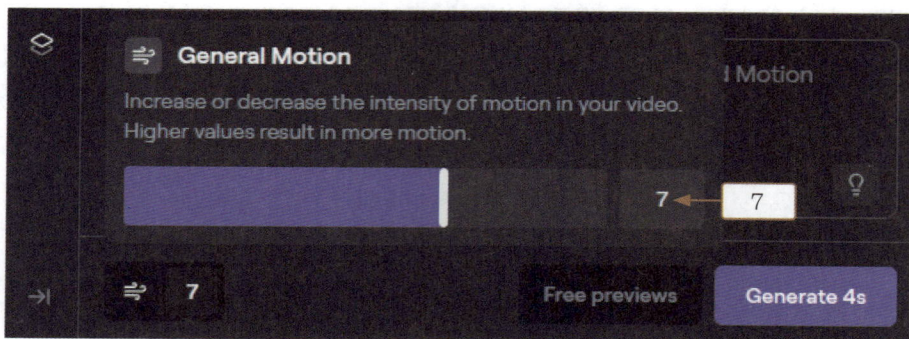

图 6-59 设置运动参数

05 切换至 Camera Control(摄像机控制) 选项卡，设置 Zoom(变焦) 参数为 3.0，让相机镜头推近，放大视频画面，如图 6-60 所示。

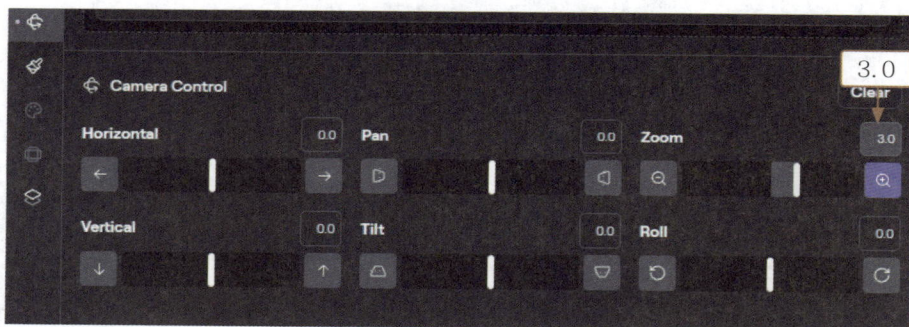

图 6-60 设置 Zoom 参数

06 单击 Generate 4s 按钮，即可开始生成视频，并显示生成进度，如图 6-61 所示。生成结束后，即可查看视频效果。

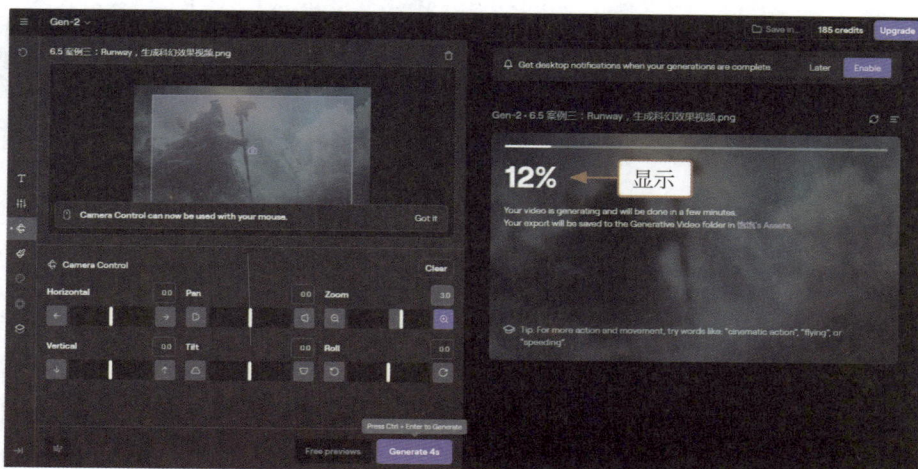

图 6-61 显示生成进度

案例四：快影，生成风光摄影视频

【效果展示】：风光摄影视频以自然景观为主体，生动展现大自然的壮丽与神奇。它巧妙运用推、拉、摇、移等镜头运动方式，引领观众从不同视角领略风光之美。观众在观看过程中，仿佛能置身其中，亲身感受大自然的无限魅力，获得沉浸式的视觉体验，效果如图 6-62 所示。

效果展示

视频教学

图 6-62　效果展示

下面介绍使用快影 App 生成风光摄影视频的具体操作方法。

01　打开快影 App，在"剪同款"界面中输入并搜索"高级蒙版卡点旅拍大片"模板，在"模板"选项卡中选择合适的模板，如图 6-63 所示。

02　进入模板预览界面，点击"制作同款"按钮，如图 6-64 所示。

图 6-63　选择模板

图 6-64　点击"制作同款"按钮

03 进入"相册"界面，选择用于制作视频的图片，点击"选好了"按钮，如图 6-65 所示，即可开始生成视频。

04 稍等片刻，进入模板编辑界面，查看视频效果，点击界面右上角的"做好了"按钮，如图6-66 所示。

05 在弹出的"导出设置"面板中，点击下载按钮⬇，如图 6-67 所示，即可导出视频。

图 6-65　点击"选好了"按钮　　　　图 6-66　点击"做好了"按钮　　　　图 6-67　点击导出按钮

第 7 章

视频生视频

视频生视频技术借助人工智能算法自动创建或修改视频内容，该技术可以大幅提升内容创作的效率与质量，实现个性化定制及视觉效果强化，提升创作的灵活性与多样性，助力多媒体内容生产向智能化和自动化迈进。本节将详细介绍视频生视频的相关知识。

7.1 视频生视频技术概念与原理

视频生视频技术基于已有视频内容，借助一系列处理与生成技术来生成新的视频内容。本节将详细介绍视频生视频技术的概念与原理，助力大家快速理解这一技术。

7.1.1 视频生视频的技术概念

视频生视频技术并非简单的视频编辑或拼接，它能够深入理解视频数据的内在结构与特征，进而创造出新颖、多样或具备特定风格的新视频。具体而言，该技术可能涉及以下方面的处理。

视频教学

(1) 内容理解与特征提取。系统对输入的视频进行深度分析，理解其中的关键内容，如场景、对象、动作、情感等，并提取这些内容的特征，这些特征可能包括颜色、纹理、形状、运动模式等。

(2) 模型训练与生成。基于提取的特征，系统会训练或利用已有的生成模型来生成新的视频帧或整个视频序列。这些模型能够学习视频数据的分布规律，并据此生成符合这些规律的新视频内容。

(3) 风格迁移与增强。除了直接生成新视频，视频生视频技术还可用于视频的风格迁移和增强。例如，可以将一个视频的风格迁移到另一个视频上，或者增强视频的视觉效果，以满足特定的审美或应用需求。

视频生视频技术通过先进的 AI 模型和算法，实现了从一个视频到另一个相关视频的高效生成，为视频编辑和内容创作提供了新的可能性。例如，即梦 AI 是目前较为先进的视频模型之一，它可以根据给定的图片文件及文本描述进行视频生视频操作，如图 7-1 所示。

图 7-1　即梦 AI 生成的视频效果

7.1.2　视频生视频的技术原理

视频生视频的技术原理主要依托复杂的机器学习模型，尤其是生成对抗网络、变分自编码器等深度学习技术。这些技术通过分析大量视频数据，学习其内在结构、风格、动作及转换方式，进而生成全新视频内容或修改现有视频。该技术广泛应用于内容创作、影视制作、广告宣传等领域，能提高创作效率并实现个性化定制。以下是对视频生视频技术原理的详细讲解。

视频教学

1．生成对抗网络

生成对抗网络由生成器和判别器组成。生成器旨在生成足够逼真的视频，让判别器难以分辨其与真实视频的差异。判别器则负责区分真实视频和生成器生成的视频。这种内部竞争促使模型质量提升，使生成的视频愈发逼真。

在视频生成中，生成器常运用循环神经网络或长短时记忆网络等结构，以捕捉视频时间序列信息；判别器通常为卷积神经网络，用于提取视频特征并判断真实性。训练时，生成器和判别器交替优化参数，最终达成平衡，生成高质量的逼真视频。

2. 变分自编码器

变分自编码器借助编码与解码过程学习视频数据深层特征，探寻代表原始视频的潜在空间，在该空间中通过采样生成新数据点以产生新视频。

变分自编码器由编码器和解码器构成，编码器把输入视频压缩为低维编码向量，解码器将编码向量解压成原始或类似视频内容。训练时，它通过最大化潜在空间似然概率来学习视频数据的压缩与解压。

3. 深度学习框架和模型训练

深度学习框架提供构建与训练 AI 模型所需的工具和库。模型训练为计算密集型过程，会消耗大量计算资源与时间，通常需借助高性能 GPU 或云计算平台完成。数据收集和处理同样关键，需收集大量与目标视频相似的数据，并开展预处理工作，以此确保数据的一致性与质量。

4. 视频生成过程

深度学习模型训练完成后，便能依据新的输入数据生成视频。生成过程可完全自动化，也可允许用户通过特定参数或指导影响最终结果。生成的视频还可进一步编辑和优化，如调整颜色、添加背景音乐或合成声音等，以提升视频整体质量与观感。

5. 应用领域与前景

视频生视频技术在娱乐、媒体、教育、培训、广告、市场营销、游戏及虚拟现实等领域应用前景广泛。例如，可利用该技术渲染视频，如图 7-2 所示。伴随技术的持续进步与相关法律框架的完善，视频生视频技术将制作出更高质量的视频内容，并拓展至更多行业与应用场景。

视频生成技术通过深度学习模型对大量视频数据进行学习和理解，能够生成逼真的视频内容。这一技术的发展不仅丰富了视频内容的多样性和个性化，也为各个行业带来了创新和变革的可能性。

图 7-2　利用视频生视频技术渲染视频的效果

7.2　视频生视频的优质生成技巧

当我们计划以一段视频为基准创作出更优质的新视频时，可运用一些生成技巧。本节将详细阐述视频生视频的优质生成技巧，这些实用技巧能够使视频的创作过程更加顺利，助力作品在众多视频中崭露头角。

7.2.1　导入视频素材生成短视频

【效果展示】：导入视频素材生成短视频，指的是使用视频编辑软件，将已有的视频素材导入编辑软件中，然后通过剪辑、拼接，以及添加特效、字幕、音乐等编辑手段，制作出一段时间较短的视频内容，如图 7-3 所示。

效果展示　　　视频教学

图 7-3　效果展示

下面介绍使用剪映导入视频素材生成短视频的具体操作方法。

01 打开剪映电脑版，在首页单击"开始创作"按钮，如图 7-4 所示。

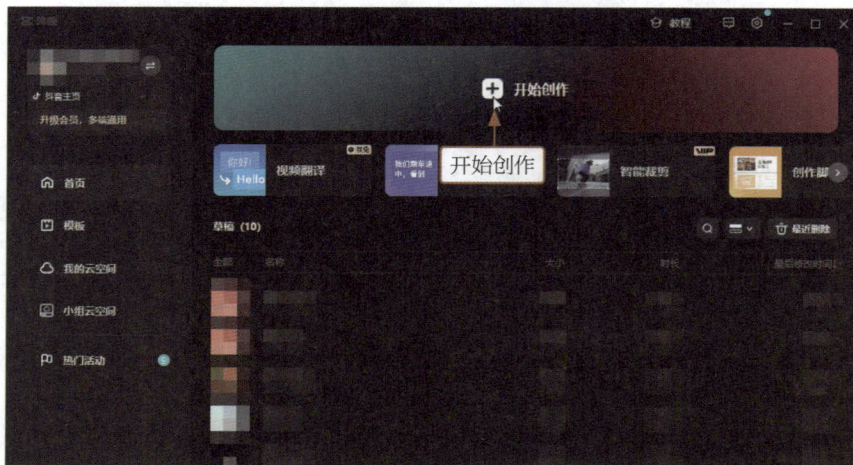

图 7-4　单击"开始创作"按钮

02 进入剪映电脑版的"媒体"功能区，单击"本地"选项卡中的"导入"按钮，如图 7-5 所示。

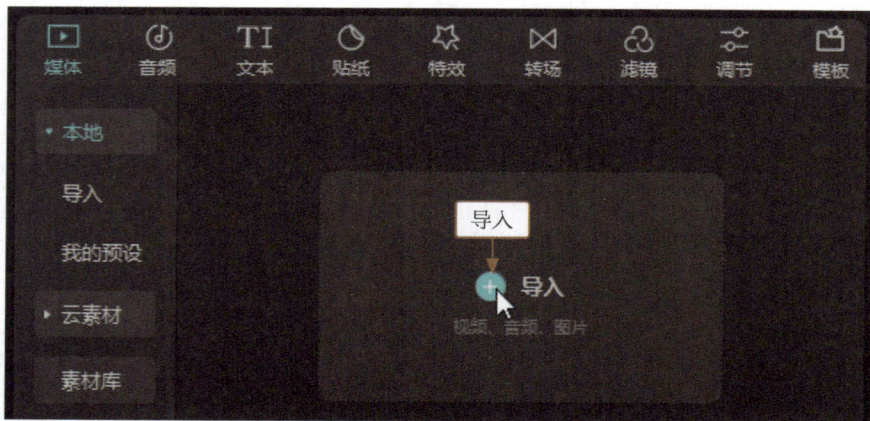

图 7-5　单击"导入"按钮

03 在弹出的"打开"对话框中，选择视频素材，单击"打开"按钮，如图 7-6 所示，导入短视频。

☀
专 家 提 醒

　　视频素材应尽量保持画面稳定，避免过多的抖动或摇晃。同时，视频素材的色彩应真实自然，亮度适宜，这样便于后期处理和调整。

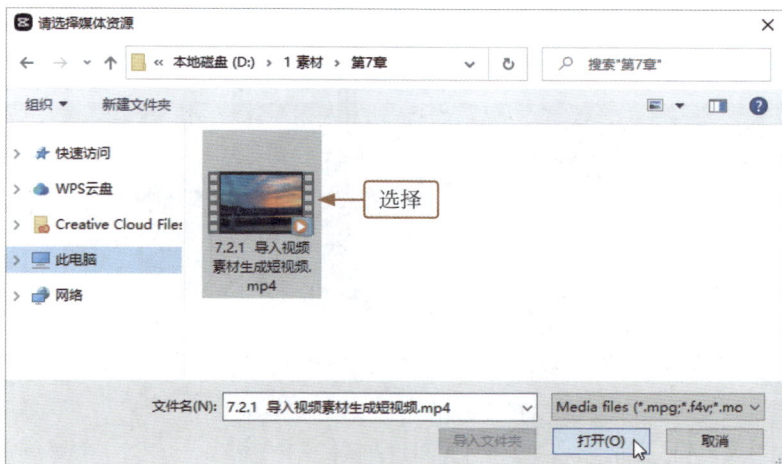

图 7-6 选择视频素材

04 将视频素材添加至剪映电脑版的媒体库中，单击短视频素材右下角的"添加到轨道"按钮，
如图 7-7 所示。

图 7-7 单击"添加到轨道"按钮

05 执行操作后，即可将视频素材添加到视频轨道中，如图 7-8 所示。

图 7-8 将视频素材添加到视频轨道中

06　选择视频素材，单击"调节"按钮，进入"调节"操作区，选中"智能调色"复选框，进行智能调色，如图 7-9 所示。

图 7-9　选中"智能调色"复选框

07　继续调整视频画面，设置"色温"参数为 8、"色调"参数为 25、"饱和度"参数为 15、"亮度"参数为 3，让视频的色彩更加鲜艳，画面也更明亮一些，如图 7-10 所示。

图 7-10　设置参数

7.2.2　智能识别短视频中的字幕

【效果展示】：在短视频创作与编辑过程中，智能识别字幕功能十分实用。当我们开启"识别字幕"功能后，系统会迅速且精准地识别短视频中的字幕内容，并将识别出的字幕自动

效果展示

视频教学

生成在视频画面的下方，效果如图 7-11 所示。

图 7-11 效果展示

以上一个案例作为素材，下面介绍使用剪映智能识别字幕的具体操作方法。

01 单击"文本"按钮，进入"文本"功能区，切换至"智能字幕"选项卡，单击"识别字幕"选项区中的"开始识别"按钮，如图 7-12 所示。

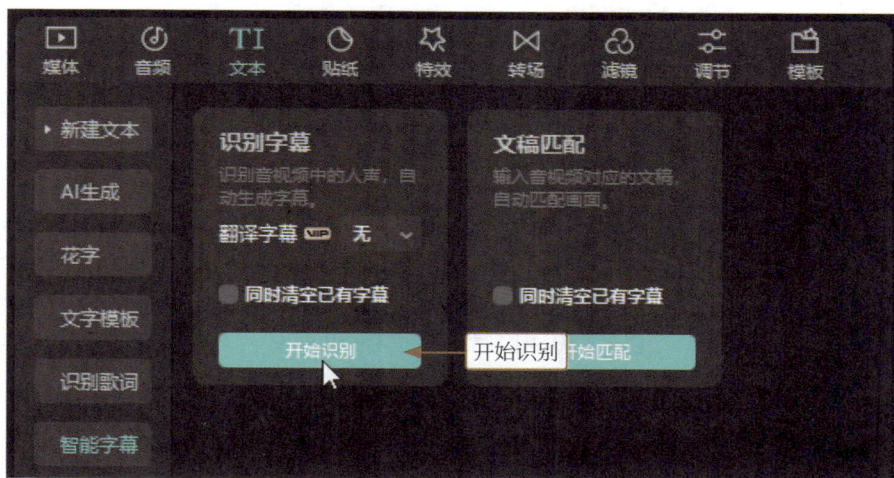

图 7-12 单击"开始识别"按钮

02 稍等片刻，即可识别并生成字幕，如图 7-13 所示。

图 7-13 识别并生成字幕

03 选择生成的字幕，在"文本"选项卡中设置字幕的预设样式，如图 7-14 所示，完成短视频字幕的制作。

图 7-14　设置字幕的预设样式

7.3　视频生视频案例

案例一：剪映，生成航拍变速视频

效果展示　　视频教学

【效果展示】：制作航拍变速视频的方法并不复杂，只需对无人机拍摄的空中视角视频进行速度调整，就能营造出截然不同的视觉效果。加速播放视频可带来紧张刺激的氛围，还能在短时间内呈现漫长的行程或过程，比如快速掠过的风景路线；而减速播放视频则能营造出优雅或梦幻的感觉，让观众更细致地观察物体或场景的细节，效果如图 7-15 所示。

图 7-15　效果展示

下面介绍使用剪映生成航拍变速视频的具体操作方法。

01　打开剪映电脑版，单击"开始创作"按钮，如图 7-16 所示。

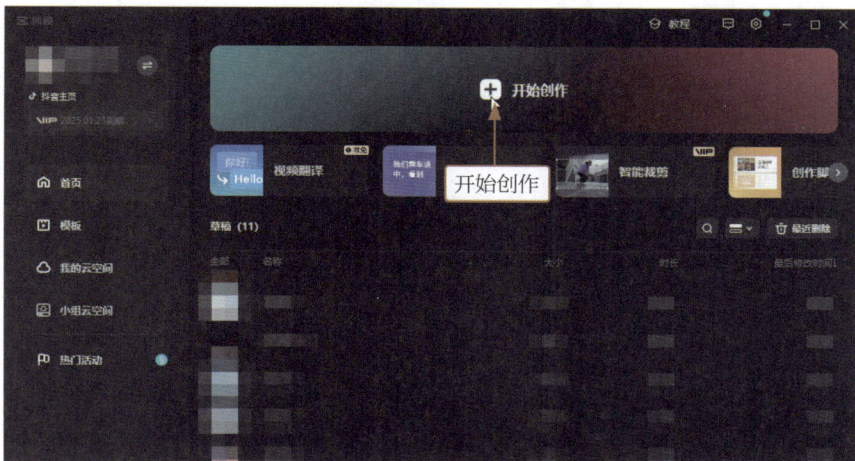

图 7-16　单击"开始创作"按钮

02　进入"媒体"功能区，单击"本地"选项卡中的"导入"按钮，如图 7-17 所示。

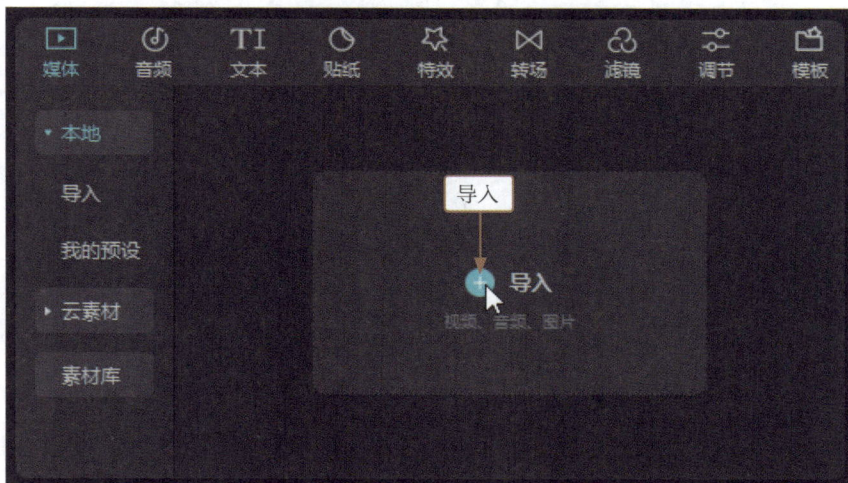

图 7-17　单击"导入"按钮

03　在弹出的"打开"对话框中，选择视频素材，单击"打开"按钮，如图 7-18 所示，导入短视频。

04　单击短视频素材右下角的"添加到轨道"按钮 ，如图 7-19 所示，即可将短视频素材添加到视频轨道中。

05　选择视频素材，观察视频的镜头，在视频合适的节点处进行分割，如图 7-20 所示。

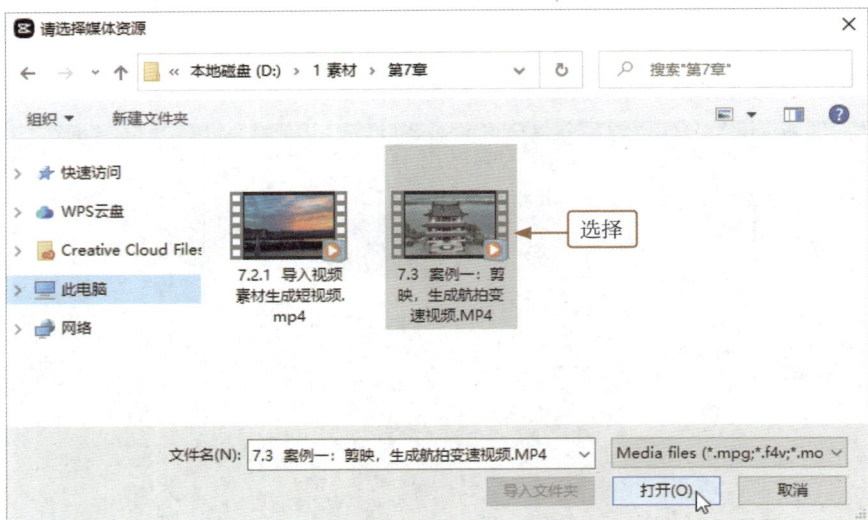

图 7-18 选择视频素材

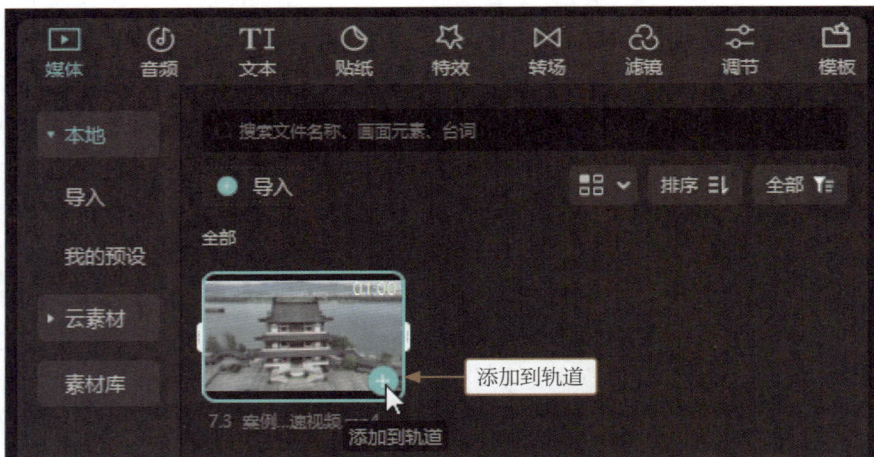

图 7-19 单击"添加到轨道"按钮

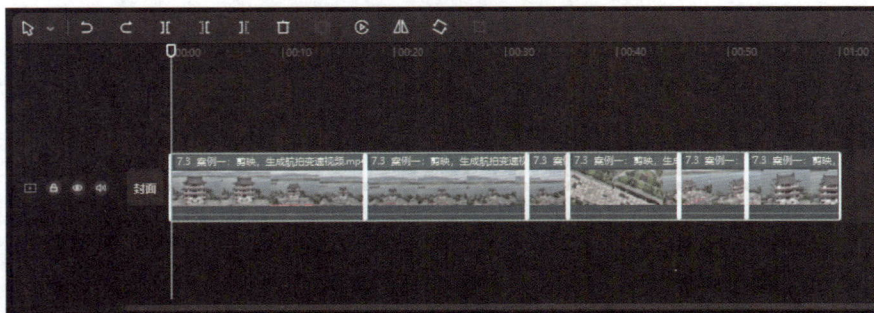

图 7-20 在视频合适的节点处进行分割

06 选择第 1 段素材，单击"变速"按钮，进入"变速"操作区，在"曲线变速"选项卡中选择"子弹时间"选项，并调整变速轨道，如图 7-21 所示。

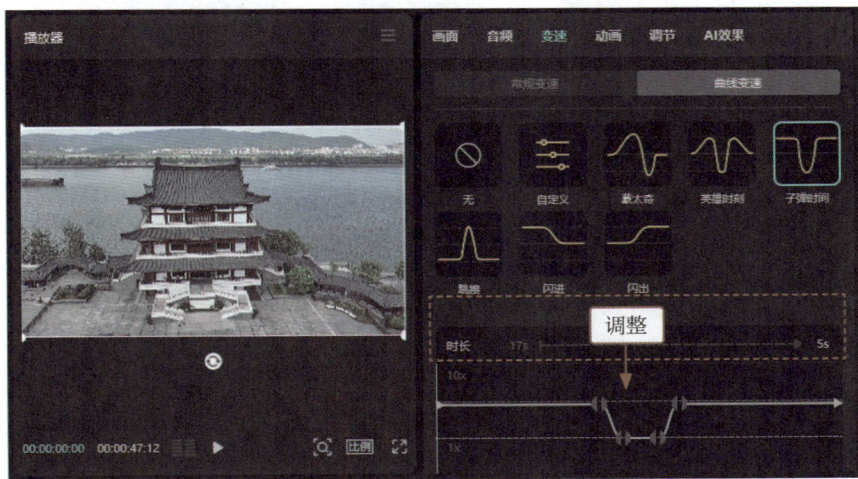

图 7-21　设置第 1 段素材的变速参数

07 选择第 2 段素材，在"常规变速"选项卡中设置"倍速"参数为 4.5x，如图 7-22 所示。

图 7-22　设置第 2 段素材的变速参数

08 选择第 3 段素材，在"常规变速"选项卡中设置"倍速"参数为 3.0x，如图 7-23 所示。

09 选择第 4 段素材和第 5 段素材，在"常规变速"选项卡中设置"倍速"参数为 3.5x，如图 7-24 所示。

10 选择第 6 段素材，在"曲线变速"选项卡中选择"闪出"变速选项，如图 7-25 所示。

11 全选视频素材，单击"调节"按钮，进入"调节"操作区，选中"智能调色"复选框，如图 7-26 所示，即可进行智能调色。

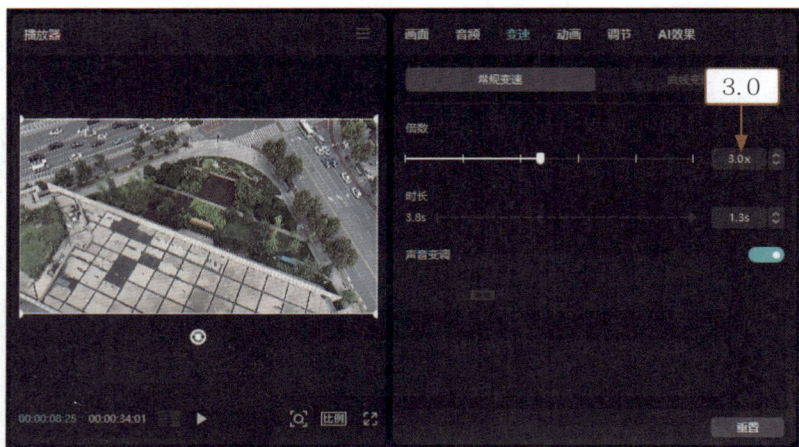

图 7-23　设置第 3 段素材的变速参数

图 7-24　设置"倍速"参数

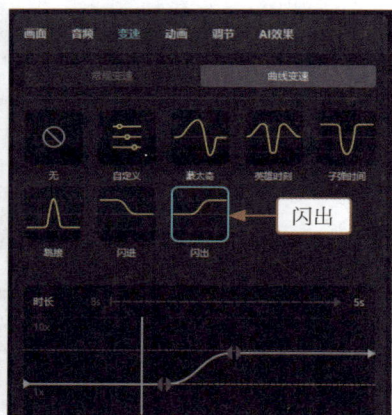

图 7-25　选择"闪出"变速选项

图 7-26　选中"智能调色"复选框

12 拖曳时间线至视频的起始位置，单击"音频"按钮进入"音频"功能区，在"音乐素材"选项卡
中选择合适的音乐，单击"添加到轨道"按钮▦，如图 7-27 所示，即可为视频添加背景音乐。

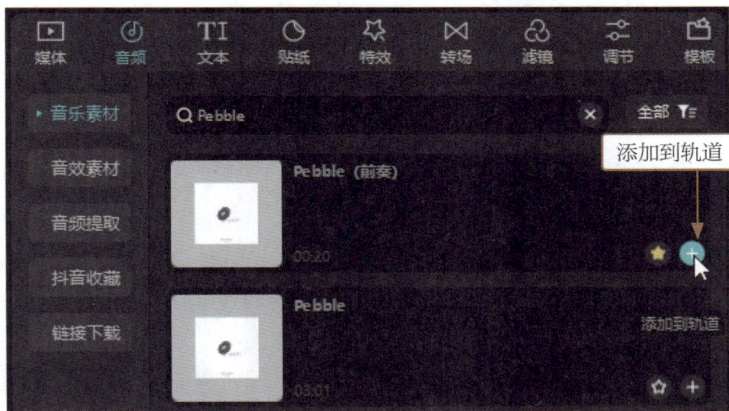

图 7-27　添加背景音乐

13 拖曳时间线至视频的末尾位置，单击"分割"按钮▯，如图 7-28 所示。

图 7-28　单击"分割"按钮

14 分割音频后，默认选择分割后的第 2 段音频素材，单击"删除"按钮▦，如图 7-29 所示，即可
删除多余的音频素材，只留下想要的音乐片段。

图 7-29　删除多余的音频素材

案例二：Pika，生成古风服装视频

【**效果展示**】：古风服装视频是独具韵味的视频内容形式，它巧妙融合了古风雅韵与服装美学。此类视频以汉服为核心展示载体，从垂坠丝滑的织金缎面到灵动飘逸的雪纺轻纱，通过镜头的细腻捕捉，精心呈现服饰的每一寸纹理质感与整体古典美学，效果如图 7-30 所示。

效果展示　　视频教学

图 7-30　效果展示

下面介绍使用 Pika 生成古风服装视频的具体操作方法。

01 进入 Pika 的操作页面，单击页面下方的 Image or video(图像或视频) 按钮，如图 7-31 所示。

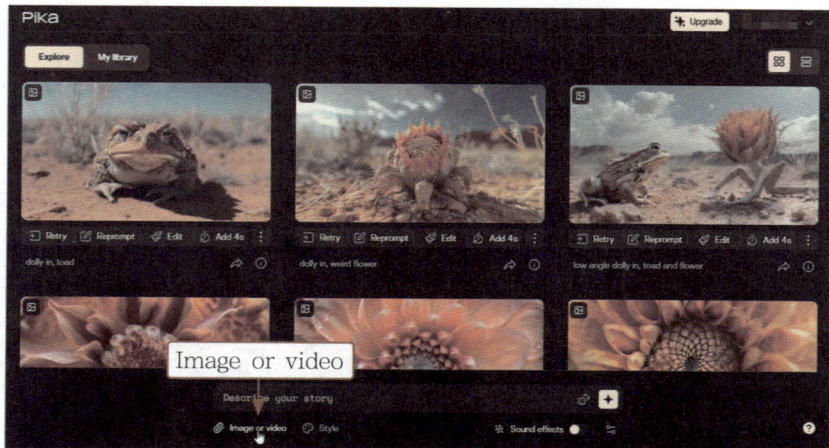

图 7-31　单击 Image or video 按钮

02 在弹出的"打开"对话框中，选择视频素材，单击"打开"按钮，如图 7-32 所示。

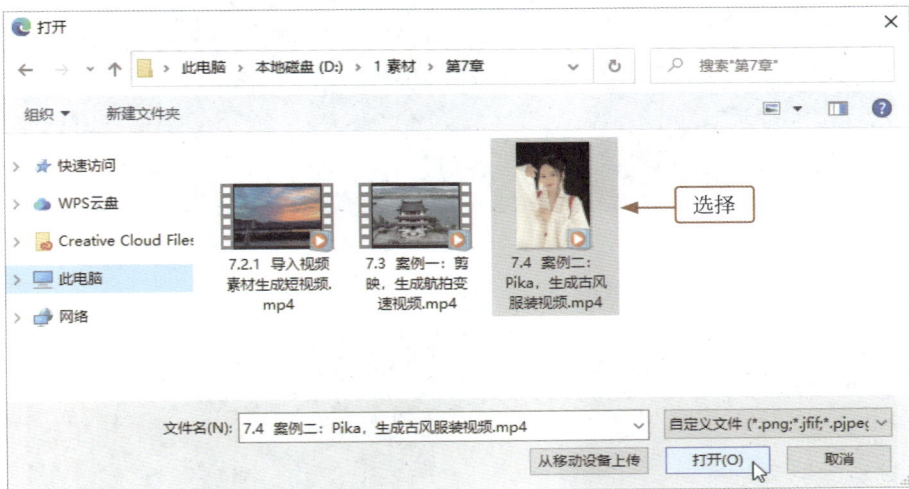

图 7-32　选择视频素材

03 执行操作后，如果显示视频素材的相关信息，就说明上传成功了，如图 7-33 所示。

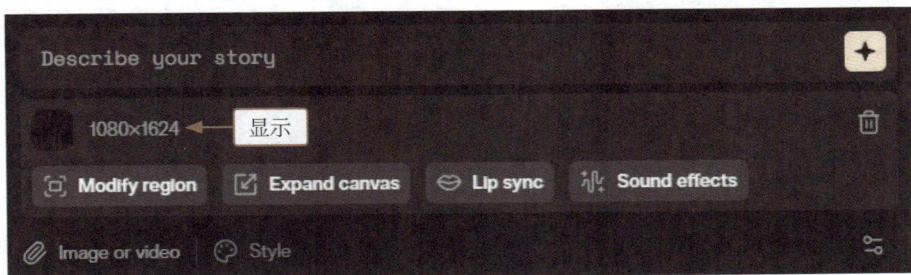

图 7-33　视频素材上传成功

04 单击下方的输入框，在其中输入提示词，如图 7-34 所示。

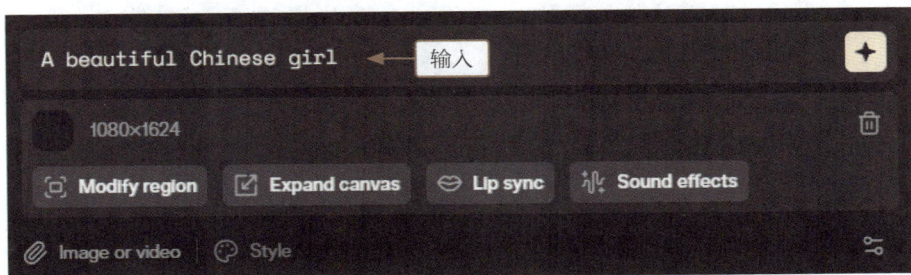

图 7-34　在输入框中输入提示词

05 用户可根据自身需求设置短视频的生成信息，以调整短视频的比例为例，单击 Expand canvas（展开画布）按钮，如图 7-35 所示。

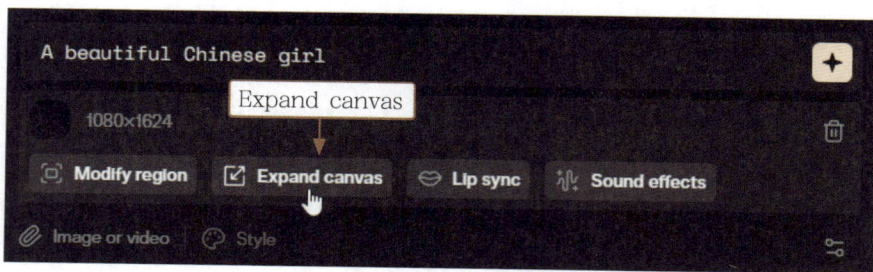

图 7-35　单击 Expand canvas 按钮

06 在展开画布的相关面板中选择画布的比例，单击 ✦ 按钮，如图 7-36 所示。

图 7-36　选择画布比例

07 执行操作后，进入 My Library(我的图书馆) 页面，查看短视频的生成进度，如图 7-37 所示。

图 7-37　查看短视频的生成进度

08 如果 My Library 页面中显示了短视频的封面，就说明该短视频制作成功了，如图 7-38 所示。

09 将鼠标放置在短视频所在的区域，单击短视频封面右侧的下载按钮 ⬇，如图 7-39 所示。

10 执行操作后，会使用浏览器下载对应的短视频，稍等片刻，弹出一个对话框显示文件名称，就说明短视频下载成功了，如图 7-40 所示。

图 7-38　短视频制作成功

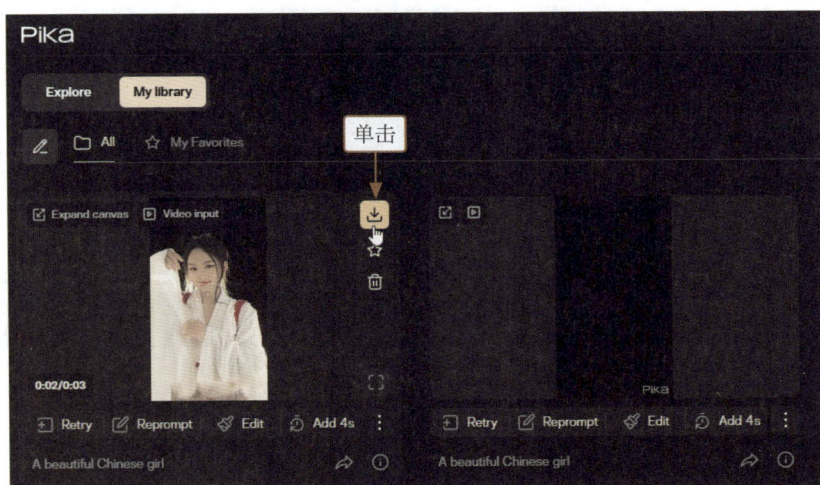

图 7-39　单击下载按钮

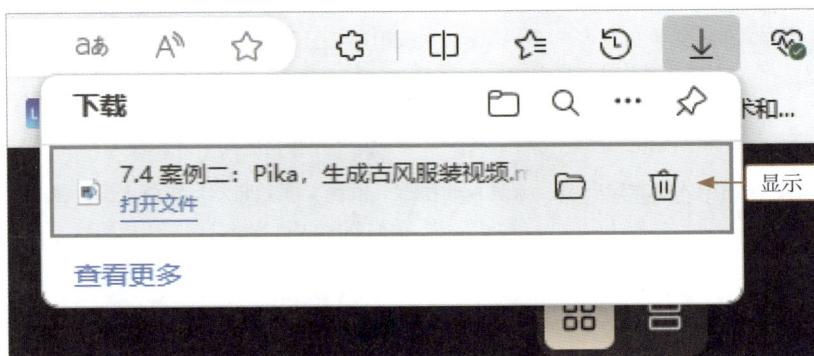

图 7-40　短视频下载成功

案例三：快影，生成艺术摄影视频

【**效果展示**】：艺术摄影视频是摄影艺术与视频制作技艺交融的创意结晶。它以视觉艺术表达为核心追求，镜头如画笔般游走于光影之间，通过精巧的构图、灵动的运镜、细腻的调色，将摄影师的巧思和审美凝练成精美视频，效果如图 7-41 所示。

效果展示　　**视频教学**

图 7-41　效果展示

下面介绍使用快影 App 生成艺术摄影视频的具体操作方法。

01　打开快影 App，点击"一键出片"按钮，如图 7-42 所示。

02　进入"相册"界面，切换至"视频"选项卡，如图 7-43 所示。

03　选择需要导入的视频素材，点击"一键出片"按钮，如图 7-44 所示。

04　执行操作后，使用所选的视频素材智能生成短视频，并显示短视频的生成进度，如图 7-45 所示。

05　稍等片刻，即可将所选的视频素材导入快影 App，并使用素材生成一条短视频，如图 7-46 所示。

06　点击短视频预览界面中的按钮进行选项卡的切换，如点击"玩法"按钮，如图 7-47 所示。

图 7-42　点击"一键出片"按钮

图 7-43　切换至"视频"选项卡

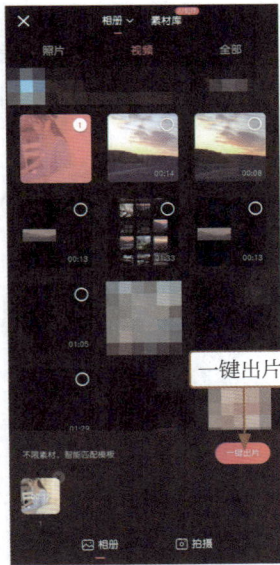

图 7-44　点击"一键出片"按钮

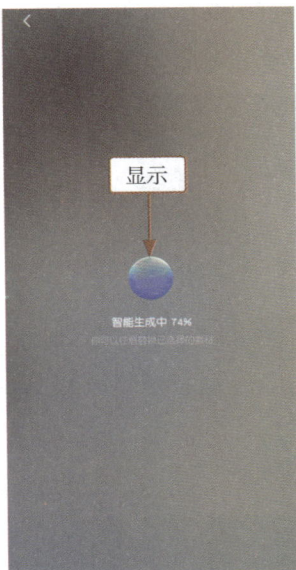

图 7-45　显示生成进度

图 7-46　生成视频效果

图 7-47　点击"玩法"按钮

07　切换至"玩法"选项卡，选择一个合适的短视频模板，如图 7-48 所示，使用该模板制作短视频，并完成短视频的调整。

08　点击短视频预览界面右上方的"做好了"按钮，如图 7-49 所示。

09　在弹出的"导出设置"面板中，点击下载按钮 ⬇，如图 7-50 所示。

图 7-48　选择模板　　　　　　图 7-49　点击"做好了"按钮　　　　　　图 7-50　点击下载按钮

10 执行操作后，界面中会显示视频的生成进度，等待进度加载完毕，即可完成视频的下载，如图 7-51 所示。

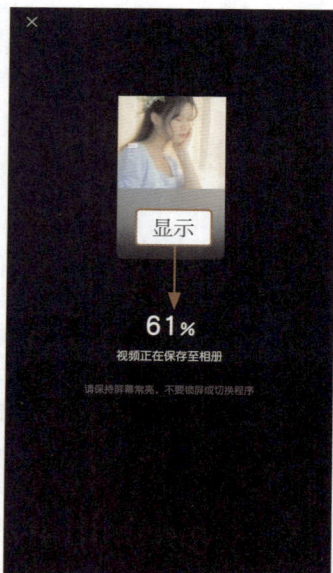

图 7-51　视频下载完成

第 8 章
数字人制作

　　在数字化浪潮席卷各行业的当下，虚拟数字人正崭露头角，在金融、教育、娱乐等众多领域展现出极为广阔的应用前景。随着人工智能技术的不断迭代升级，虚拟数字人的智能化程度日益精进，不仅能精准理解人类意图，还能提供更具个性化的服务。在此趋势下，该行业必将迎来前所未有的发展契机。本章将为大家细致讲解虚拟数字人的相关知识与制作方法。

8.1 认识虚拟数字人

在科技迅猛发展、世界加速数字化与虚拟化变革的时代，虚拟数字人顺势而生，并在各领域发挥着愈发重要的作用。本节将引导大家了解虚拟数字人的定义、优势及未来发展趋势，探究这一前沿技术在现代社会的价值与潜力。

8.1.1 什么是虚拟数字人

虚拟数字人，是借助数字技术打造的、与人类形象相近的数字化人物形象。其具备与真人相似的外貌、性格、穿着等特征，兼具数字人物与虚拟角色身份，能以虚拟偶像、虚拟主播等角色参与各类社会活动中。

视频教学

虚拟数字人的出现得益于人工智能技术的不断发展，从 2007 年世界上第一个使用全息投影技术举办演唱会的虚拟偶像"初音未来"的出道，到 2012 年中国本土偶像"洛天依"的诞生，再到 2023 年在杭州举行的第 19 届亚洲运动会开幕式上使用虚拟数字人作为火炬手（见图 8-1），虚拟数字人已慢慢走进人们的生活。

图 8-1　杭州亚洲运动会开幕式上的数字人火炬手

8.1.2　虚拟数字人的优势

视频教学

在数字化时代，一种新型的技术产物——虚拟数字人正在迅速崭露头角，它们以独特的优势和无限的可能性，引领未来科技的发展潮流。虚拟数字人的主要优势，如图 8-2 所示。

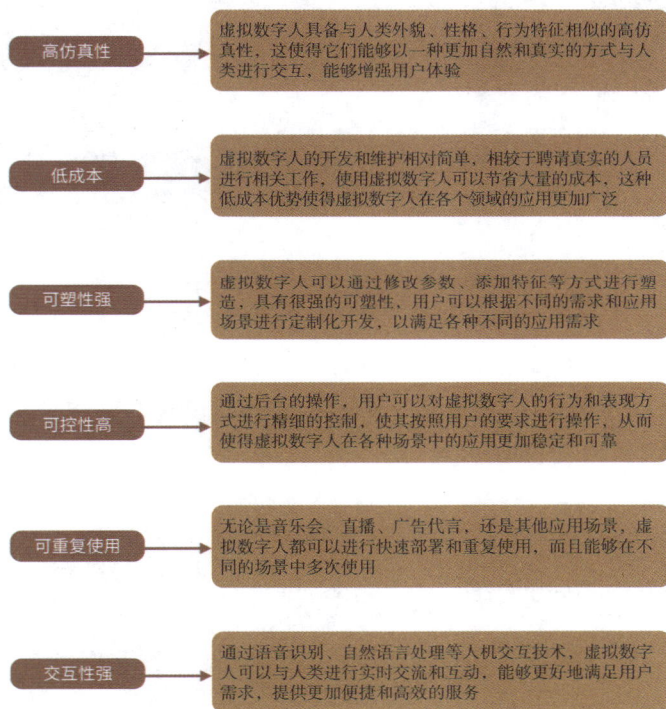

| 高仿真性 | 虚拟数字人具备与人类外貌、性格、行为特征相似的高仿真性，这使得它们能够以一种更加自然和真实的方式与人类进行交互，能够增强用户体验 |

| 低成本 | 虚拟数字人的开发和维护相对简单，相较于聘请真实的人员进行相关工作，使用虚拟数字人可以节省大量的成本，这种低成本优势使得虚拟数字人在各个领域的应用更加广泛 |

| 可塑性强 | 虚拟数字人可以通过修改参数、添加特征等方式进行塑造，具有很强的可塑性，用户可以根据不同的需求和应用场景进行定制化开发，以满足各种不同的应用需求 |

| 可控性高 | 通过后台的操作，用户可以对虚拟数字人的行为和表现方式进行精细的控制，使其按照用户的要求进行操作，从而使得虚拟数字人在各种场景中的应用更加稳定和可靠 |

| 可重复使用 | 无论是音乐会、直播、广告代言，还是其他应用场景，虚拟数字人都可以进行快速部署和重复使用，而且能够在不同的场景中多次使用 |

| 交互性强 | 通过语音识别、自然语言处理等人机交互技术，虚拟数字人可以与人类进行实时交流和互动，能够更好地满足用户需求，提供更加便捷和高效的服务 |

图 8-2　虚拟数字人的优势

8.1.3　虚拟数字人的应用领域

视频教学

随着技术的持续进步，虚拟数字人的功能与性能将不断提升，给人们的生活和工作带来更多便利。其在娱乐、教育、医疗等诸多领域的应用也将不断拓展，成为未来数字化时代的重要组成部分。

虚拟数字人的应用范围较广，下面介绍其目前主要的应用领域。

（1）娱乐和游戏。这是虚拟数字人最广为人知的应用领域之一，如虚拟偶像、虚拟歌手等。这些虚拟数字人可举办音乐会、演唱会，还能与粉丝进行互动，为观众带来全新的娱乐体验。

图 8-3 为字节跳动推出的虚拟偶像女团 A-SOUL。

图 8-3　虚拟偶像女团 A-SOUL

（2）教育和培训。虚拟教师和虚拟辅导员可以进行知识讲解，还能为学生答疑解惑，提供了更为灵活和多样化的辅导方式，如图 8-4 所示。通过虚拟数字人，可以增强学习的互动性和趣味性，提高学生的学习兴趣和效率。

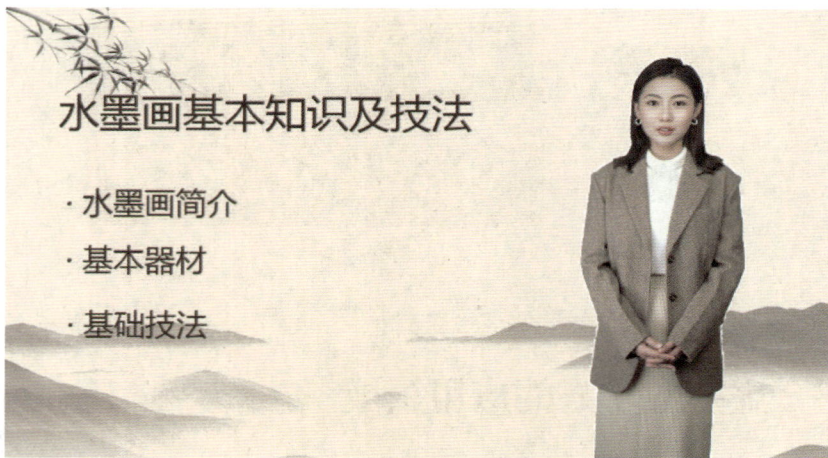

图 8-4　虚拟辅导员

（3）医疗和健康。虚拟护理员可以为患者提供更加贴心和便捷的护理服务；通过虚拟数字人进行健康咨询、康复训练等，可以减轻医护人员的工作压力，提高患者的生活质量。

（4）客户服务和营销。虚拟客服可以为企业或单位提供更加高效、便利的客户服务，通过虚拟数字人充当在线客服，可以提高客户服务的效率和质量，同时可以降低运营成本。

（5）影视和媒体。虚拟记者、虚拟主持人在新闻报道、电视节目等领域越来越常见，它们可以快速传递信息，提高节目的互动性和观赏性。

(6) 社交和直播。在社交媒体和直播平台上，虚拟主播、虚拟网红等越来越受欢迎，它们与粉丝进行互动，分享生活和娱乐内容，为观众带来了全新的社交体验，如图 8-5 所示。

图 8-5 虚拟主播

8.1.4 虚拟数字人的发展前景

随着人工智能、虚拟现实 (VR) 与增强现实 (AR) 等前沿技术的迭代升级，虚拟数字人的外貌形态、性格特质、行为模式将更趋真实自然，交互响应与操作可控性也将显著增强。与此同时，其应用边界持续延展，除娱乐、教育、医疗、客服等既有领域，未来有望渗透至智能家居、智能交通、工业制造等新兴场景，为用户提供多元化服务。

视频教学

例如，宝马 i Vision Dee 是一款可以与车主交谈的概念车，它不仅可以通过双肾格栅做出诸如喜悦、惊讶、赞同等不同的"面部"表情，还可以在车窗上展示驾驶者的虚拟形象，如图 8-6 所示。

图 8-6 宝马 i Vision Dee 中驾驶者的虚拟形象

虚拟数字人作为新型商业形态，具备极高的商业价值。未来，伴随其技术发展与应用领域的拓展，商业价值将进一步提升，甚至能作为数字资产供企业拥有与管理，为企业创造更多利润。

此外，虚拟数字人与现实人物的界限将日益模糊，双方互动交融将更为频繁，这种跨界融合会为虚拟数字人发展创造更多可能。与此同时，人们对虚拟数字人的认可度会持续提升，越来越多的人将接受并使用该技术，使其成为生活与工作中不可或缺的部分。

8.1.5　虚拟数字人面临的挑战

尽管虚拟数字人的发展前景一片光明，但现实中其面临的挑战也不容小觑，涵盖技术难题、数据隐私与安全、法规政策、社会接受度、商业价值变现等方面，具体内容如下。

视频教学

（1）技术难题。尽管虚拟数字人技术已经取得了显著的进步，但在一些关键领域，如表情的生动性、语音的流畅性和自然性、与现实世界的交互能力等方面，仍存在许多技术难题需要攻克。

（2）数据隐私和安全。虚拟数字人需要大量的数据来训练和改进，然而这些数据可能包含用户的个人信息和其他敏感信息，如何在训练和使用虚拟数字人的同时，保护用户的隐私和数据安全，是一个需要大家重视的问题。

（3）法规和政策。虚拟数字人的发展可能会涉及许多新的法规和政策问题。例如，在虚拟数字人的创造和使用过程中如何保护知识产权，目前相关问题的答案尚不明确，需要法规和政策制定者进行深入的研究和讨论。

(4) 社会接受度。虚拟数字人是一种新生事物，一些人可能无法接受与虚拟人物交流或接受他们的服务，对其能力表示怀疑。如何进一步提高社会大众对虚拟数字人的接受度，是一个需要重点讨论的问题。

(5) 商业价值变现。前面说过虚拟数字人有很高的商业价值，但如何有效地将这种价值转化为实际的商业利益，这也是一个很大的挑战。虚拟数字人的创造者和使用者需要找到一种可持续的商业模式，以支持虚拟数字人的进一步发展。

8.2 数字人的制作流程详解

数字人融合了计算机技术与人工智能技术等新科技，能够以数字化的形态呈现各类人物角色，还可借助语音交互、动作表达等操作达成互动性及视觉逼真效果。本节将以腾讯智影为例，为大家详细阐述数字人的制作流程。

8.2.1 熟悉“数字人播报”功能页面

“数字人播报”是由腾讯智影数字人团队研发多年、不断完善，推出的在线智能数字人视频创作功能，力求让更多人可以借助数字人实现内容产出，低成本、高效率地制作播报视频。

视频教学

“数字人播报”功能页面融合了轨道剪辑、数字人内容编辑窗口，可以一站式完成“数字人播报＋视频创作”流程，让用户方便、快捷地制作出各种数字人视频作品，并激发更大的视频创意空间，拓宽使用场景。

“数字人播报”功能页面分为 7 个板块，如图 8-7 所示，用户可以借助各板块中的功能，完成数字人视频的创作。

❶ 主显示／预览区：也称为预览窗口，可以选择画面上的任一元素，在弹出的右侧编辑区中进行调整，包括画面内的字体（大小、位置、颜色）、数字人（内容、形象、动作）、背景及其他元素等。在预览窗口的底部，可以调整视频画布的比例和控制数字人的字幕开关。

❷ 轨道区：位于预览区的下方，单击“展开轨道”按钮后，可以对数字人视频进行更精细化的轨道编辑，如图 8-8 所示。在轨道上，可以调整各个元素的位置关系和持续时间，还可以编辑数字人轨道上的动作插入位置。

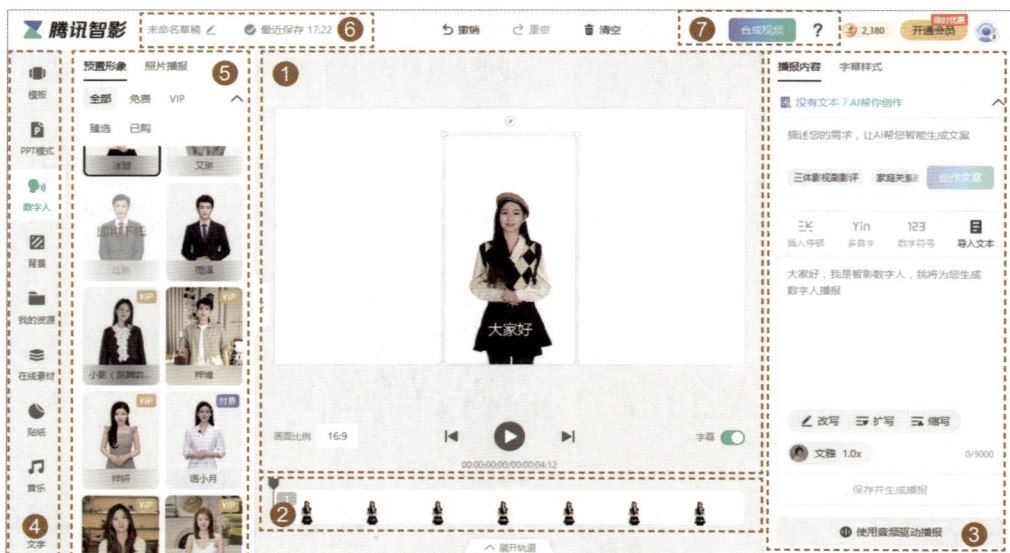

图 8-7 "数字人播报"功能页面

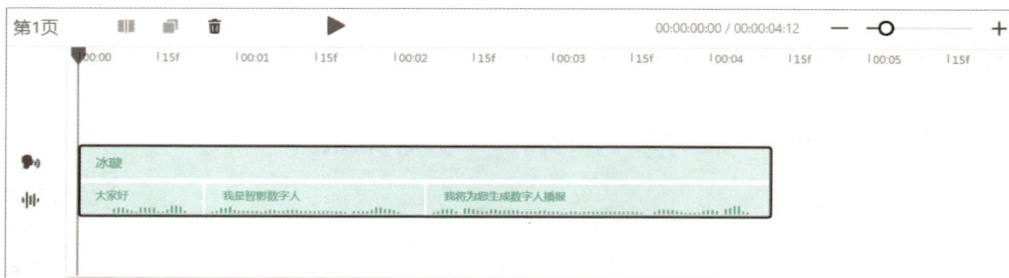

图 8-8 轨道区

❸ 编辑区：与预览区中选择的元素相关联，默认显示"播报内容"选项卡，可以调整数字人的驱动方式和口播文案。

❹ 工具栏：位于页面最左侧，可以在视频项目中添加新的元素，如选择套用官方模板、增加新的页面、替换图片背景、上传媒体素材，以及添加音乐、贴纸、花字等素材。单击对应的工具按钮后，会在工具栏右侧的面板中进行展示。

❺ 工具面板：和左侧工具栏相关联，展示相关工具的使用选项，可以单击右侧的收缩按钮 ◁，折叠工具面板。

❻ 文件命名区：位于页面顶部，可以编辑文件名称，还可以查看项目文件的保存状态。

❼ 合成按钮区：确认数字人视频编辑完成后，可以单击"合成视频"按钮开始生成视频，生成后的数字人视频包括动态动作和口型匹配的画面。单击 ? 按钮，可以查看操作手册、联系在线客服。

8.2.2　选择合适的数字人模板

　　"数字人播报"功能页面中提供了大量的特定场景模板,用户可以直接选择,从而提升创作效率,具体操作方法如下。

01　在工具栏中单击"模板"按钮,展开"模板"面板,在"横版"选项卡中选择合适的数字人模板,如图 8-9 所示。

视频教学

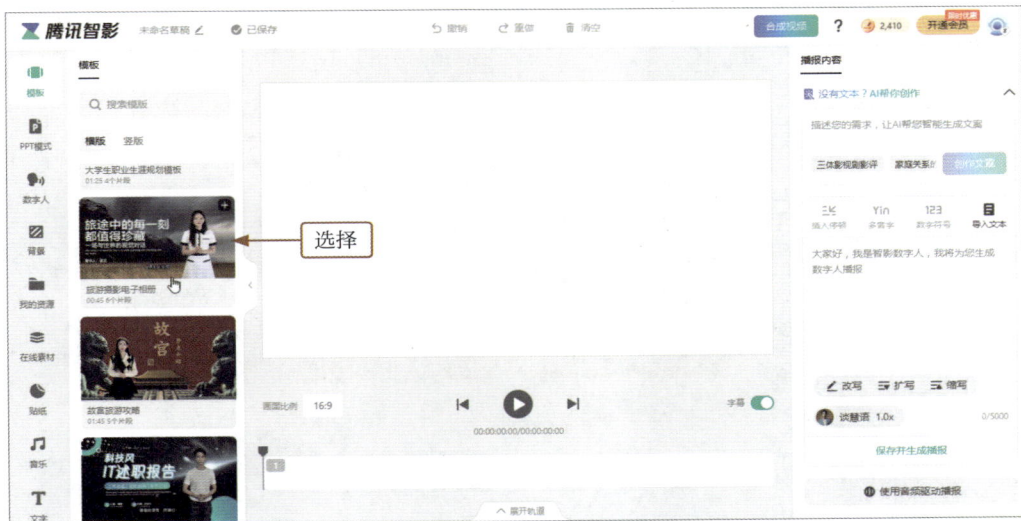

图 8-9　选择数字人模板

02　执行操作后,在弹出的对话框中可以预览该数字人模板的视频效果,单击"应用"按钮,即可应用该数字人模板,如图 8-10 所示。

图 8-10　应用数字人模板

8.2.3 设置数字人的人物形象

腾讯智影中包含丰富的数字人形象，不同的数字人均配置了多套服装、姿势、形状和动作，并支持更换画面背景。下面介绍设置数字人的人物形象的操作方法。

视频教学

01 在工具栏中单击"数字人"按钮，展开"数字人"面板，选择数字人形象，即可改变 PPT 页面中的数字人形象，如图 8-11 所示。使用相同的操作方法，可替换轨道区中其他 PPT 页面的数字人形象。

图 8-11 选择数字人形象

02 选择第 1 页 PPT 中的数字人，在预览区中选择数字人，在编辑区中切换至"画面"选项卡，设置 X 坐标为 350、Y 坐标为 36、"缩放"参数为 90%、"亮度"为 2，调整数字人的位置、大小和亮度，如图 8-12 所示。

图 8-12 设置数字人的参数

8.2.4 自定义设置数字人音色

完成数字人形象的设置后，可在"播报内容"选项卡中对数字人的音色进行自定义设置，具体操作方法如下。

视频教学

01 在编辑区的"播报内容"选项卡中，单击底部的选择音色按钮 🎤 铃兰 1.1x，如图 8-13 所示。

图 8-13 单击选择音色按钮

02 执行操作后，弹出"选择音色"对话框，切换至"生活 vlog"选项卡，选择一个合适的女声音色，设置"读速"为 1.0，单击"确认"按钮，如图 8-14 所示，即可修改数字人的音色。用相同的方法，设置其他 PPT 页面中数字人的音色。

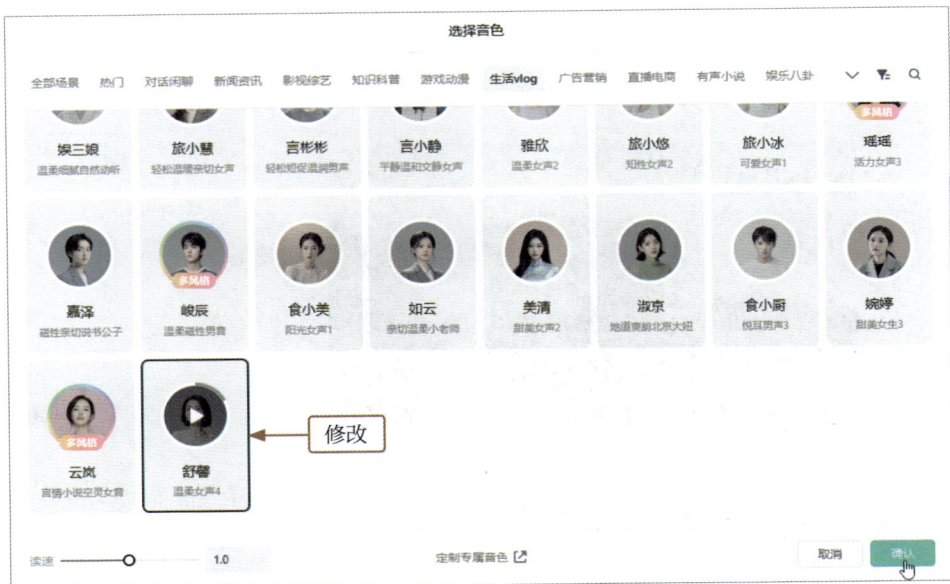

图 8-14 修改数字人的音色

💡 **专家提醒**

在"选择音色"对话框中，单击"定制专属音色"按钮进入该功能页面，用户可以在此上传音频文件并训练声音模型，实现声音克隆，效果如图 8-15 所示。

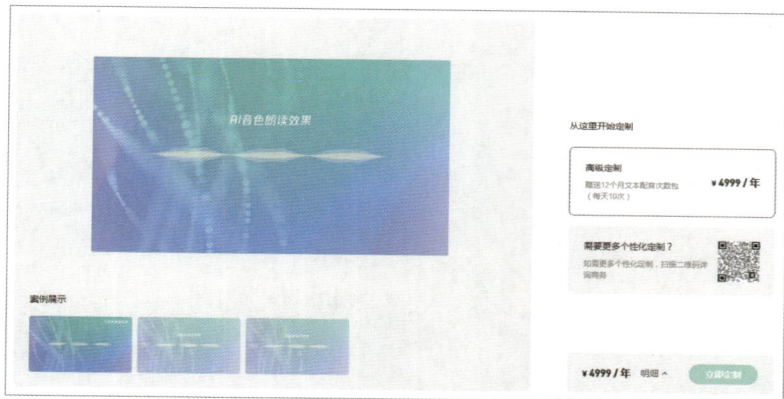

图 8-15　"定制专属音色"功能页面

8.2.5　编辑数字人的文字效果

用户可以随意编辑数字人视频中的文字效果，包括新建文本、修改文本内容、修改文本样式等，具体操作方法如下。

视频教学

01 在预览区中选择要编辑的文本，在编辑区的"样式编辑"选项卡中，选中"阴影"复选框，保持默认设置，即可为文字添加阴影效果，如图 8-16 所示。

图 8-16　为文字添加阴影效果

02 切换至"动画"选项卡，在"进场"选项区中选择"渐显"选项，即可给所选文本添加一个逐渐显示的进场动画效果，如图 8-17 所示。用相同的方法，给本页 PPT 中的其他文字设置相同的效果。

图 8-17　选择"渐显"选项

03 在工具栏中单击"文字"按钮，展开"文字"面板，在"花字"选项卡中选择"文本"选项，如图 8-18 所示，即可新建一个默认文本。

图 8-18　选择"文本"选项

04 在编辑区的"样式编辑"选项卡中，输入文本内容，设置"颜色"为浅蓝色(#70CFFF)、"字号"参数为50，并适当调整文本的持续时间，使其与PPT页面中数字人的时长保持一致，如图8-19所示。

图 8-19　调整文本的持续时间

8.2.6　设置数字人的字幕样式

用户可以开启"字幕"功能，在数字人视频中显示语音播报的同步字幕内容，具体操作方法如下。

01 在预览区右下角开启"字幕"功能，使 PPT 页面中显示字幕，这里的模板已经自动开启了"字幕"功能，适当调整字幕的位置即可，如图 8-20 所示。

视频教学

图 8-20　调整字幕的位置

02 切换至"字幕样式"选项卡，选择一个合适的样式，并设置"字号"参数为 30，改变字幕的样式效果和字体大小，如图 8-21 所示。

图 8-21 改变字幕的样式效果和字体大小

03 使用相同的操作方法，调整其他 PPT 页面中的字幕效果，如图 8-22 所示。

图 8-22 调整其他 PPT 页面中的字幕效果

8.2.7 合成数字人视频效果

当用户完成数字人视频内容的设置后，即可单击"合成视频"按钮快速生成视频，具体操作方法如下。

效果展示　　视频教学

01 在"数字人播报"功能页面的右上角，单击"合成视频"按钮，如图 8-23 所示。

图 8-23 单击"合成视频"按钮

02 执行操作后，弹出"合成设置"对话框，输入视频的名称，设置"1080P"分辨率，如图 8-24 所示，单击"确定"按钮。

03 弹出信息提示框，单击"确定"按钮，如图 8-25 所示。

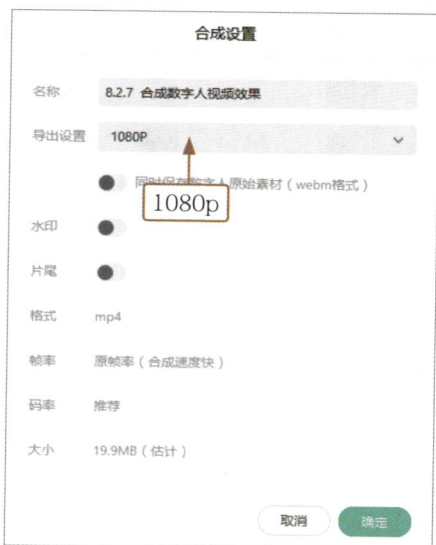

图 8-24 设置"1080P"分辨率

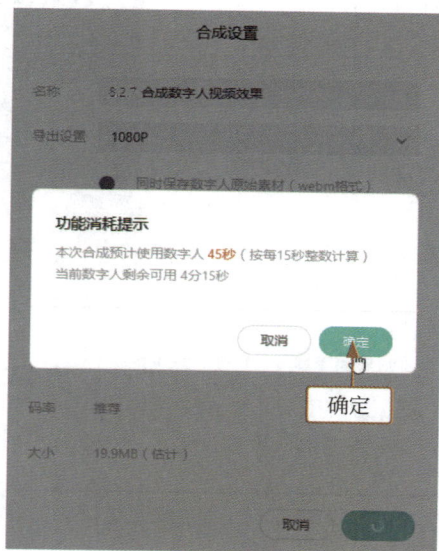

图 8-25 单击"确定"按钮

04 执行操作后，进入"我的资源"页面，显示该视频的合成进度，如图 8-26 所示。

05 视频合成后，单击下载按钮 📥，如图 8-27 所示，即可保存数字人视频。

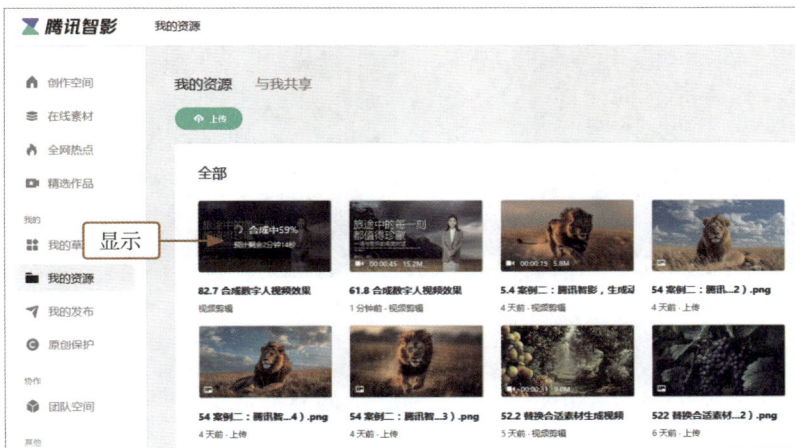

图 8-26　显示该视频的合成进度

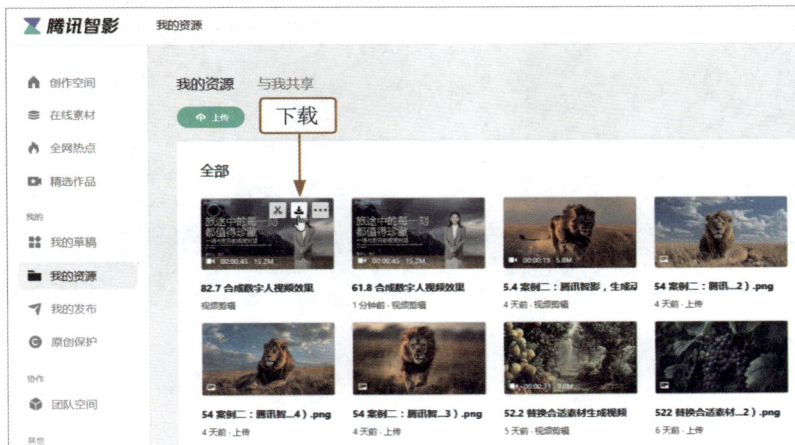

图 8-27　单击下载按钮

8.3　数字人制作案例

案例一：剪映，制作口头播报视频

效果展示　　视频教学

【效果展示】：口头播报视频是一种通过口头表达，以简短、直观、生动的方式播放的短视频。本节将详细介绍使用剪映电脑版制作口头播报视频的方法，效果如图 8-28 所示。

图 8-28　效果展示

下面介绍使用剪映，制作口头播报视频的方法。

01　打开剪映电脑版，在首页单击"开始创作"按钮，如图 8-29 所示。

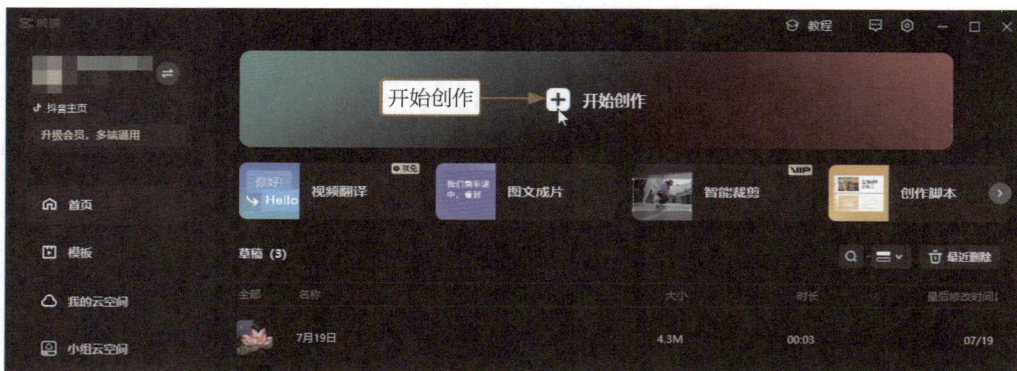

图 8-29　单击"开始创作"按钮

02　在"媒体"|"本地"选项卡中，单击"导入"按钮，如图 8-30 所示。

03　在弹出的"请选择媒体资源"对话框中，选择视频素材，单击"打开"按钮，如图 8-31 所示。

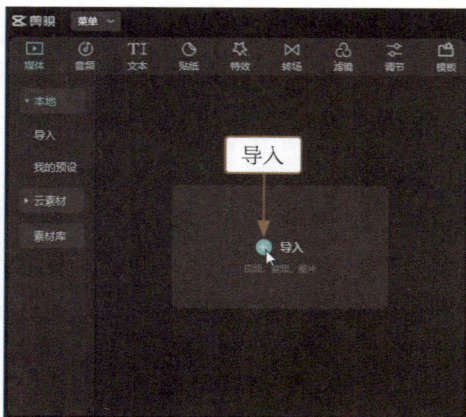

图 8-30　单击"导入"按钮

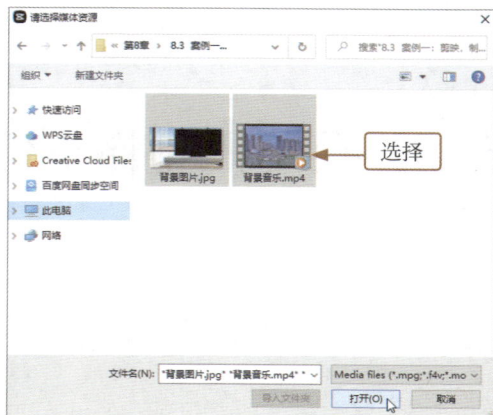

图 8-31　选择视频素材

04　导入素材后，单击背景图片素材右下角的"添加到轨道"按钮![]，如图 8-32 所示。

05　执行操作后，即可把背景图片素材添加到视频轨道中，如图 8-33 所示。

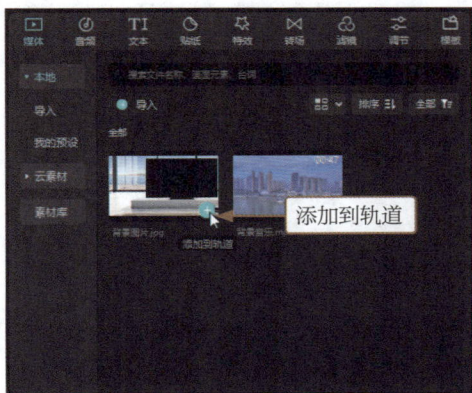

图 8-32　单击"添加到轨道"按钮

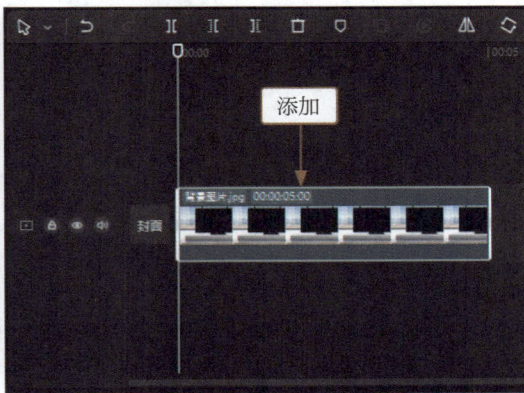

图 8-33　把素材添加到视频轨道中

06　单击"文本"按钮，进入"文本"功能区，单击"默认文本"右下角的"添加到轨道"按钮![]，如图 8-34 所示，添加文本。

07　在"文本"操作区中，输入口头播报视频文案，如图 8-35 所示。

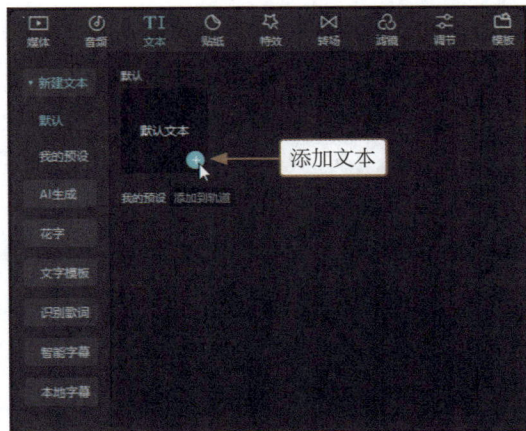

图 8-34　添加文本

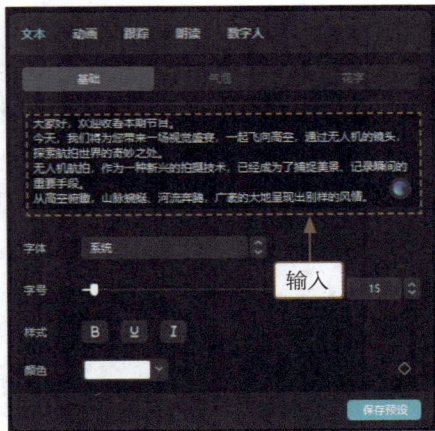

图 8-35　输入视频文案

08　切换至"数字人"操作区，选择"小铭 - 专业"选项，单击"添加数字人"按钮，如图 8-36 所示。

09　稍等片刻，即可生成数字人素材，删除轨道中的文本素材，调整数字人的画面位置，使其处于画面左侧，如图 8-37 所示。

图 8-36　单击"添加数字人"按钮

图 8-37　调整数字人的画面位置

10　在"文本"功能区中单击"智能字幕"按钮，进入"智能字幕"功能区，单击"文稿匹配"下方的"开始匹配"按钮，如图 8-38 所示。

11　在弹出的"输入文稿"对话框中，输入相同的口头播报视频文案，如图 8-39 所示。然后单击"开始匹配"按钮。

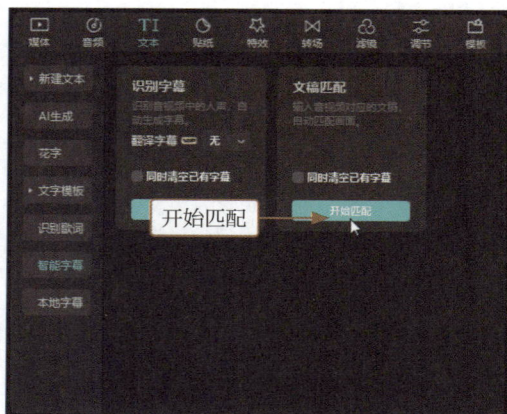

图 8-38　单击"开始匹配"按钮

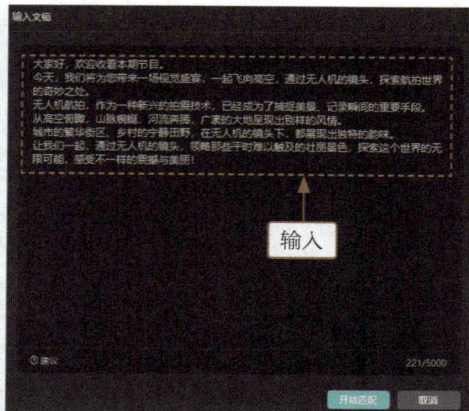

图 8-39　输入相同的视频文案

专家提醒

进行"文稿匹配"操作的目的，是让字幕自动匹配数字人念稿的速度，以及自动进行分段。

12　执行操作后，即可生成匹配数字人播报视频的口播文案，全选这些文本素材，在"文本"操作区中，设置"字号"参数为 6，如图 8-40 所示。

13　切换至"花字"选项卡，选择一款花字样式，如图 8-41 所示。

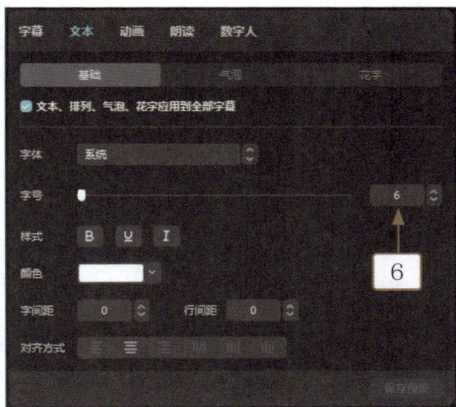

图 8-40 设置"字号"参数

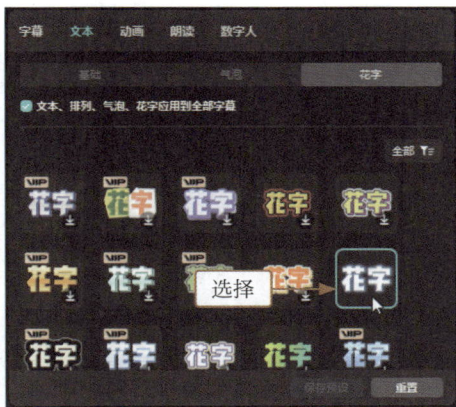

图 8-41 选择一款花字样式

14 导入一段无人机航拍的视频素材,添加至第 2 条画中画轨道,如图 8-42 所示。

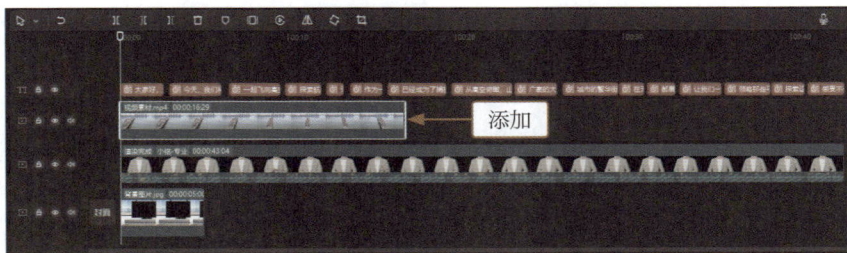

图 8-42 将视频素材添加至第 2 条画中画轨道

15 切换至"变速"操作区,在"常规变速"选项卡中,设置"时长"参数为 43.0s,增加视频的时长,如图 8-43 所示。

图 8-43 设置"时长"参数

16 调整视频轨道中背景图片素材的时长,使其末尾位置对齐数字人素材的末尾位置,如图 8-44 所示。

17 选择无人机航拍视频素材，在"播放器"面板中调整素材画面的大小和位置，如图 8-45 所示。

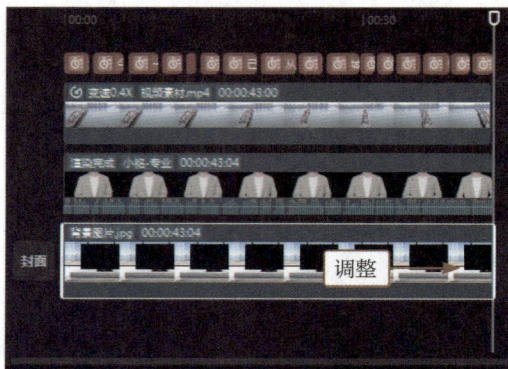

图 8-44 调整素材的时长

图 8-45 调整素材画面的大小和位置

18 在视频的起始位置，单击"贴纸"按钮，进入"贴纸"功能区，在搜索栏中输入并搜索"录制边框"，单击所选贴纸右下角的"添加到轨道"按钮，如图 8-46 所示，添加贴纸并调整其位置。

19 调整贴纸的时长，使其对齐数字人素材的时长，如图 8-47 所示。

图 8-46 单击"添加到轨道"按钮

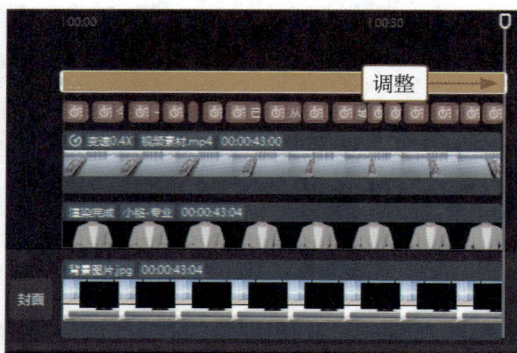

图 8-47 调整贴纸的时长

20 为视频添加一个合适的背景音乐，即可完成数字人视频的制作。

案例二：腾讯智影，制作教学数字人视频

【**效果展示**】：教学数字人视频的制作思路，是先选择一个合适的数字人模板，然后改变数字人形象、驱动数字人、更改文字内容等，最后形成一个数字人的教学培训视频，效果如图 8-48 所示。

效果展示　　视频教学

图 8-48　效果展示

下面介绍使用腾讯智影，制作教学数字人视频的方法。

01　进入腾讯智影的数字人操作界面，在工具栏中单击"模板"按钮，展开"模板"面板，在"横版"
　　选项卡中，选择一个合适的数字人模板，如图 8-49 所示，单击"应用"按钮，即可添加合适的
　　数字人模板。

图 8-49　选择合适的数字人模板

02　在编辑区中清空模板中的文字内容，输入新的文案，然后将鼠标光标定位到文中的相应位置，插
　　入 0.5 秒的停顿标记，如图 8-50 所示。

图 8-50　插入停顿标记

03　在"播报内容"选项卡底部，单击选择音色按钮，弹出"选择音色"对话框，筛选合适的音
　　色，如在"知识科普"音色选项中选择"章小鸣"音色，设置"读速"为 0.9，单击"确认"按钮，
　　如图 8-51 所示。

图 8-51　选择和设置音色

04　执行操作后，即可修改数字人的音色，单击"保存并生成播报"按钮，如图 8-52 所示，根据文字内容生成相应的语音播报，同时数字人轨道的时长也会根据文本配音的时长而改变。

图 8-52　单击"保存并生成播报"按钮

05　执行操作后，展开"PPT 模式"面板，选择第 2 个 PPT 页面，用同样的方法设置文本内容，效果如图 8-53 所示。

图 8-53　设置文本内容

06　依然使用同样的方法，选择第 3 个 PPT 页面，设置相应的文本内容，效果如图 8-54 所示。

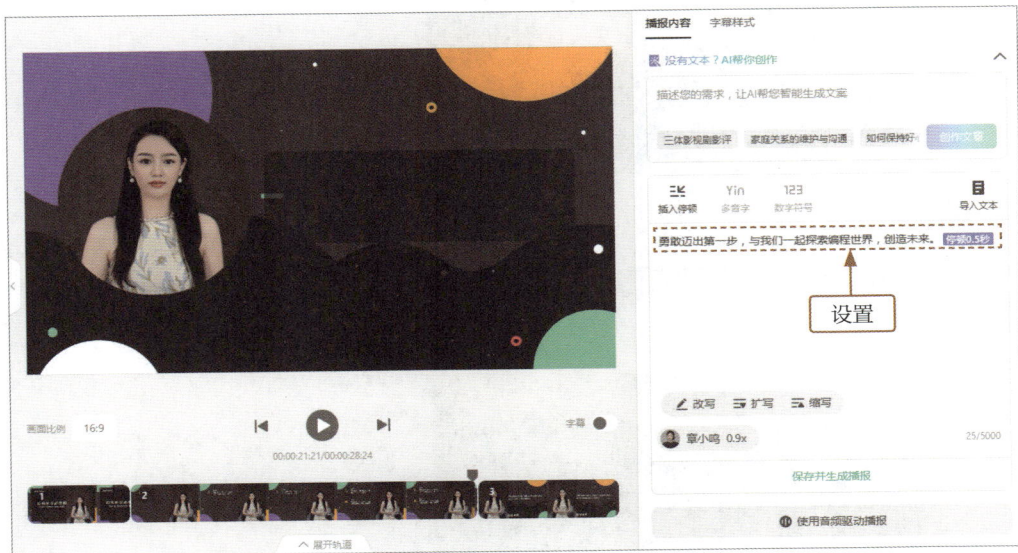

图 8-54　设置内容的效果

07　回到第一个 PPT 页面，在预览区中选择相应的文本，在编辑区的"样式编辑"选项卡中，更改文本内容，并设置合适的字体，如图 8-55 所示。

08　用同样的方法，更改其他页面的文本内容，并设置合适的字体，效果如图 8-56 所示。

09　在"数字人播报"功能页面的右上角，单击"合成视频"按钮，将视频进行保存，即可完成数字人视频的制作。

图 8-55 更改并设置文本内容

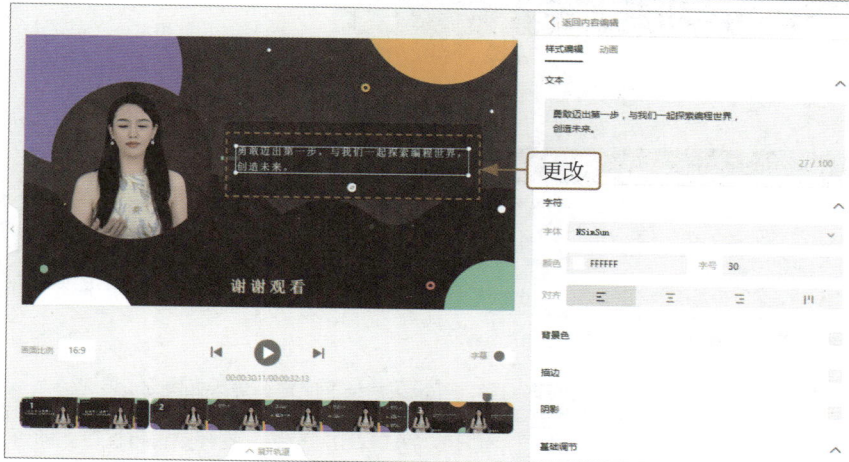

图 8-56 更改其他页面的文本内容

案例三：Kreado AI，制作新闻播报数字人视频

【效果展示】： 新闻播报视频是以视频为载体呈现的新闻报道形式，依托视听融合向受众传递实时新闻资讯。作为现代社会信息传播的重要渠道之一，其既构建了高效、即时的新闻获取途径，又通过视听交互、动态叙事等多媒体技法强化了新闻内容的感染力与传播效能，效果如图 8-57 所示。

效果展示　　　视频教学

图 8-57　效果展示

下面介绍使用 Kreado AI，制作新闻播报数字人视频的方法。

01 进入 Kreado AI 首页，单击"开始免费试用"按钮，如图 8-58 所示。

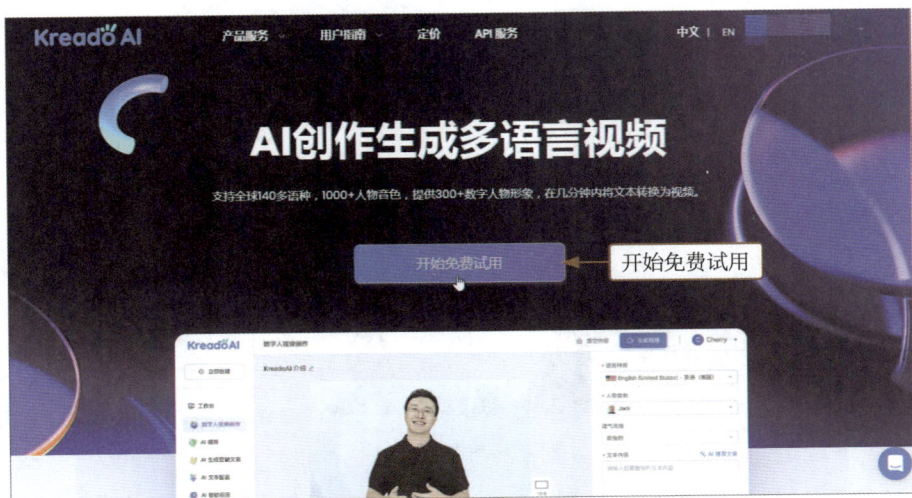

图 8-58　单击"开始免费试用"按钮

02 执行操作后，进入 Kreado AI 的"工作台"页面，单击"真人数字人口播"选项区中的"开始创作"按钮，如图 8-59 所示。

图 8-59　单击"开始创作"按钮

03 进入数字人的操作界面，在下方的"真人数字人"选项卡中，选择一个合适的数字人形象，如图 8-60 所示。

图 8-60　选择数字人形象

04 在右侧的输入框中输入文本内容，单击 🕐 按钮，在文案的相应位置添加间隔，如图 8-61 所示。

05 单击输入框上方的音色选择按钮，如图 8-62 所示。

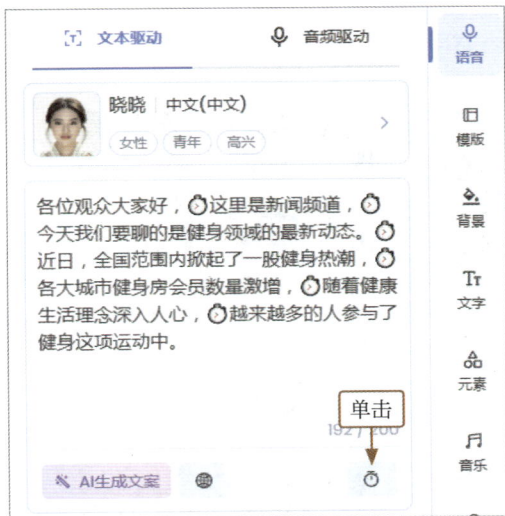

图 8-61　输入文本并添加间隔　　　　　　　　图 8-62　单击选择音色按钮

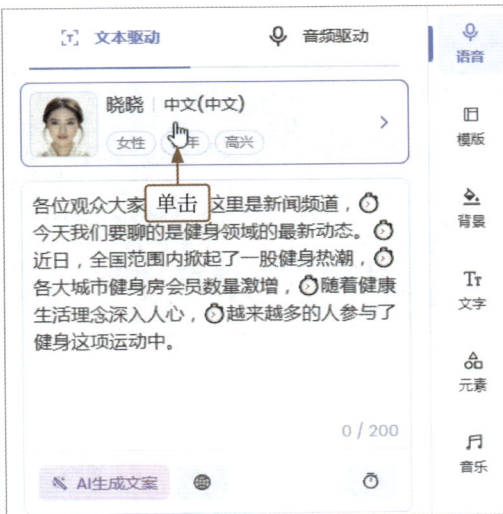

06　在弹出的"选择音色"面板中，选择一个合适的数字人音色，选择"默认"情绪，如图 8-63 所示，单击"应用"按钮，即可更改数字人的音色。

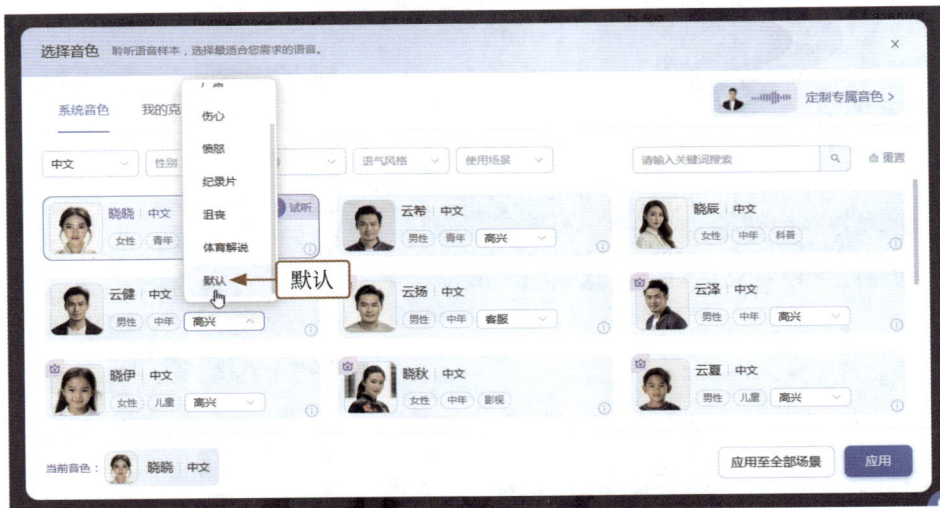

图 8-63　选择"默认"情绪

07　在右侧的工具栏中，单击"背景"按钮，展开"背景"功能区，在其中选择一个合适的背景，如图 8-64 所示。

08　在操作区中调整数字人的位置和大小，开启右侧的"字幕"开关以显示字幕，在上方设置文字颜色，如图 8-65 所示。

图 8-64 选择背景

图 8-65 设置字幕颜色

09 单击页面右上角的"生成视频"按钮，将视频保存，即可完成新闻播报数字人视频的制作。